AF376023

RAPPORT

SUR

LA COMPOSITION DES BEURRES NÉERLANDAIS

SUIVI D'UNE ÉTUDE

SUR

LES CONDITIONS DE LA PRODUCTION DU BEURRE

DANS LES PAYS-BAS

PAR

M. HENRI COUDON

CHEF DES TRAVAUX CHIMIQUES À L'INSTITUT NATIONAL AGRONOMIQUE

ET

M. EUG. ROUSSEAUX

PRÉPARATEUR DE CHIMIE À L'INSTITUT NATIONAL AGRONOMIQUE

CHARGÉS DE MISSION

(1899)

(Extrait du *Bulletin du Ministère de l'Agriculture.* — 1901, n° 2 et 3)

PARIS

IMPRIMERIE NATIONALE

MDCCCCI

RAPPORT

SUR

LA COMPOSITION DES BEURRES NÉERLANDAIS

SUIVI D'UNE ÉTUDE

SUR

LES CONDITIONS DE LA PRODUCTION DU BEURRE

DANS LES PAYS-BAS,

PAR

M. HENRI COUDON,

CHEF DES TRAVAUX CHIMIQUES À L'INSTITUT NATIONAL AGRONOMIQUE,

ET

M. EUG. ROUSSEAUX,

PRÉPARATEUR DE CHIMIE À L'INSTITUT NATIONAL AGRONOMIQUE,

CHARGÉS DE MISSION.

(1899.)

INTRODUCTION.

La répression de la fraude des beurres a depuis longtemps préoccupé les pouvoirs publics. Le mélange de la margarine au beurre a porté à notre industrie beurrière, tant à l'intérieur qu'à l'extérieur, un préjudice considérable. Aussi, dès 1885, M. Méline, alors Ministre de l'agriculture, saisissait le Parlement d'une proposition de loi, tendant à réprimer la fraude des beurres par la margarine; cette proposition, devenue la loi du 14 mars 1887, réservait la dénomination de *beurre* aux produits exclusifs du lait de la vache et défendait de vendre les produits similaires autrement que sous le nom de *margarine* ou *graisse alimentaire*[1].

Les difficultés qu'on a rencontré dans l'application de cette loi ont provoqué un grand mouvement d'opinion réclamant non seulement de punir, mais mieux, de prévenir la fraude. Aussi, dès 1890, trois propositions furent déposées successivement par MM. Cluseret, de Villebois-Mareuil et Marius Martin Elles furent l'objet d'un rapport très documenté de M. Guillemin, déposé le 1er décembre 1891. Le projet de la Commission, déclaré d'urgence, a été discuté les 10 et 11 janvier 1892 et renvoyé à la Commission.

[1] *Chambre des députés.* — Proposition de loi par M. Méline, le 22 décembre 1885 (*Journ. off.* de janvier 1886, annexe n° 285, p. 67); par M. du Mesnillot et plusieurs de ses collègues, le 11 mars 1886 (*Journ. off.* d'octobre 1886, annexe n° 514, p. 1228). — Rapport de M. de la Martinière, le 10 juillet 1886 (*Journ. off.* de février 1887, annexe n° 1025, p. 455). — Première délibération et adoption sans discussion le 18 octobre 1886; deuxième délibération et adoption le 16 décembre 1886.

Sénat. — Transmission le 17 décembre 1886 (*Journ. off.* d'avril 1887, annexe n° 156, p. 433). — Rapport de M. Poriquet, le 1er février 1887 (*Journ. off.* du 26 mai 1887, annexe n° 33. p. 12). — Déclaration d'urgence, discussion et adoption le 7 février 1887.

MM. Coudon et Rousseaux.1

La présente loi a pour origine, au point de vue de la procédure parlementaire, les cinq propositions et le projet de loi déposés en 1893 et 1894[1].

Nous croyons utile de donner quelques détails sur son fonctionnement :

On sait que les dispositions de la loi peuvent se résumer en trois points principaux :

1° *L'inspection des fabriques, des débits de margarine et des magasins de beurre*, dont le but est de contrôler les graisses employées, au point de vue de leur fraîcheur, de leur innocuité, et de s'assurer que l'industrie ne fait pas les mélanges interdits par la loi. Pour permettre ce contrôle, les inspecteurs peuvent pénétrer dans tous les locaux des fabriques, des débits de margarine et des magasins de beurre, pour y prélever des échantillons. Ils sont également autorisés à effectuer des prélèvements en douane, dans les ports et dans les gares de chemins de fer.

2° *L'interdiction de colorer la margarine.* — La coloration de la margarine avait surtout pour but de rendre plus facile son mélange avec le beurre et de permettre de la vendre pour du beurre ; c'est ce que le projet n'a pas voulu laisser faire.

3° *La séparation des commerces*, c'est-à-dire la vente, dans des locaux séparés, de la margarine et du beurre, afin d'empêcher le mélange de ces deux produits. Il est, en effet, interdit à quiconque se livre à la fabrication ou à la préparation du beurre de fabriquer ou de détenir dans ses locaux de la margarine ; cette interdiction est faite également aux entrepositaires, commerçants et fabricants de beurre.

Diverses dispositions de détail complètent ces principaux points ; telles sont celles qui enjoignent de faire connaître au public, par une enseigne très apparente, la nature du produit ; de ne débiter, dans le commerce en détail, la margarine que sous la forme de pains cubiques ; de limiter à 10 p. 100 la quantité de beurre qui peut être contenu dans la margarine, etc. Nous insisterons plus particulièrement sur l'organisation du corps des inspecteurs, sur son fonctionnement et sur les dispositions qui ont trait au prélèvement et à l'expertise des échantillons ; ces mesures ont fait l'objet d'un règlement d'administration publique du 9 novembre 1897.

Les dépôts et débits de margarine et d'oléo-margarine, les locaux où l'on fabrique pour la vente et ceux où l'on prépare et vend du beurre, sont placés sous la surveillance des agents désignés par l'Administration. Cette surveillance est exercée, concurremment avec les officiers de police judiciaire, par les agents préposés à la surveillance

---

[1] *Chambre des députés.* — Proposition de M. René Brice, le 25 novembre 1893 (annexe n° 54, *Journ. off.* des 10 et 11 janvier 1894, p. 84) — 2° Proposition de M. le baron Gérard, le 30 novembre 1893 (annexe n° 72, *Journ. off.* du 12 janvier 1894, p. 105). — 3° Proposition de M. Porteu, le 30 novembre 1893 (annexe n° 74, *Journ. off.* du 12 janvier 1894, p. 106). — 4° Proposition de M. Guillemin, le 7 décembre 1893 (annexe n° 113, *Journ. off.* du 14 janvier 1894, p. 145). — Rapport sommaire de M. le comte de Colbert-Laplace, sur ces quatre propositions, le 9 décembre 1893 (annexe n° 136, *Journ. off.* du 14 janvier 1894, p. 156). — 5° Proposition de M. Guillemin, le 10 février 1894 (annexe n° 369, *Journ. off.* du 1er mars 1894, p. 141). — Rapport de M. René Brice sur les cinq propositions, le 7 mai 1894 (annexe n° 607, *Journ. off.* du 21 juin 1894, p. 801). — Présentation d'un projet de loi par M. Viger, Ministre de l'agriculture, le 20 juillet 1894 (annexe n° 866, *Journ. off.* du 1er novembre 1894, p. 1304). — Rapport de M. Cluseret sur les propositions et le projet de loi, concluant au rejet du projet de loi, p. 1304 (annexe n° 992, *Journ. off.* du 10 décembre 1894, p. 1990). — Déclaration de l'urgence, discussion et adoption les 28 et 30 janvier 1er février, 2, 3 et 5 mars 1896.

Sénat. — Présentation, le 19 mars 1896 (annexe n° 76, *Journ. off.* du 13 juin 1896, p. 147). — Rapport de M. Legludic, le 4 février 1897 (annexe n° 25, *Journ. off.* des 7 et 8 août 1897, feuilles 8 et 9, p. 126). — Déclaration de l'urgence, discussion et adoption les 5, 6 et 8 avril 1897.

des halles et marchés, les inspecteurs généraux des fabriques de margarine et d'oléo-margarine, les agents des Douanes, des Contributions indirectes et de l'Octroi.

Afin de relier les opérations de ces diverses catégories d'agents, de façon à obtenir l'unité d'action nécessaire pour assurer l'efficacité de cette législation, le Ministre de l'agriculture a institué un service spécial, dénommé *Service de l'inspection du commerce du beurre, de la margarine et de l'oléo-margarine.* Ce service d'inspection est divisé provisoirement en trois circonscriptions, correspondant aux régions où l'industrie b urrière présente le plus d'activité et qui sont placées sous la surveillance d'un agent des Contributions indirectes. Ce sont les suivantes :

Première région, nord et nord-est. — Nord, Somme, Aisne, Pas-de-Calais, Oise, Seine-et-Oise, Seine-et-Marne, Marne, Ardennes, Meuse, Meurthe-et-Moselle.

Résidence de l'Inspecteur : *Lille.*

Deuxième région, nord-ouest. — Seine-Inférieure, Calvados, Manche, Orne, Eure, Eure-et-Loir, Sarthe, Mayenne, Maine-et-Loire.

Résidence de l'Inspecteur : *Caen.*

Troisième région, ouest. — Ille-et-Vilaine, Côtes-du-Nord, Finistère, Morbihan, Loire-Inférieure, Vendée, Deux-Sèvres, Vienne, Charente, Charente-Inférieure.

Résidence de l'Inspecteur : *Nantes.*

L'action des inspecteurs s'exerce au moyen de tournées fréquentes, à dates indéterminées, effectuées dans toute l'étendue de leur circonscription respective. Indépendamment du droit général de contrôle, qui leur est conféré par la loi et le décret de 1897, ils ont pour mission spéciale d'assurer l'exécution détaillée des instructions de la circulaire ministérielle du 13 février 1898, relatives à la constatation des fraudes sur le beurre et la margarine, commises dans les beurreries industrielles, les halles et marchés, les gares de chemins de fer, ainsi que sur la voie publique.

Les divers agents chargés des prélèvements font ceux-ci en trois exemplaires, dont l'un est envoyé à un des experts désignés par le Gouvernement ; le second est remis au propriétaire ou au détenteur de la marchandise ; le troisième est conservé au greffe du tribunal de l'arrondissement, pour servir, s'il y a lieu, à de nouvelles vérifications ou analyses.

L'analyse de l'échantillon doit être effectuée dans un délai de huit jours, à partir du moment de la remise de l'échantillon à l'expert.

Si le rapport de l'expert conclut que le beurre est normal, douteux, ou à la limite, le Parquet l'écarte immédiatement. Lorsque l'expert déclare que le beurre contient de la margarine, il peut se présenter deux cas : ou bien l'analyse n'est pas contestée par l'intéressé et l'affaire suit son cours ; si, au contraire, l'intéressé conteste les résultats de cette analyse, le président du tribunal désigne celui des experts-chimistes qui devra procéder à la contre-expertise. Quand les résultats reviennent, le Parquet les porte, s'il y a lieu, à la connaissance de l'intéressé. S'ils sont négatifs l'affaire est immédiatement classée ; si, au contraire, ils confirment les résultats de la première expertise, on poursuit.

Pendant les premiers temps qui suivirent la promulgation de la loi, celle-ci fonctionna sans qu'aucune difficulté fût soulevée.

Mais à la fin de 1898 l'application de la loi entra dans une nouvelle phase ; de nombreux échantillons de beurre prélevés chez des marchands sérieux furent déclarés fraudés par les experts. En vertu des articles 16 de la loi du 16 avril 1897 et 14 du décret du 9 novembre de la même année, qui permettent aux négociants de faire la preuve de leur non-culpabilité, en impliquant la responsabilité du véritable fraudeur, les marchands incriminés déclarèrent que ces beurres leur étaient adressés des Pays-Bas, et ils rejetèrent les responsabilités de ces fraudes sur leurs fournisseurs directs.

C'est ainsi que la Douane française fut appelée à vérifier les échantillons de beurre importés de Hollande, afin de découvrir l'origine réelle de la fraude. En une semaine, 80,000 kilogrammes de beurre des Pays-Bas furent saisis et confisqués par la Douane.

Ces beurres étaient déclarés additionnés de margarine.

Ce fut une épouvante générale chez les importateurs hollandais.

Les pouvoirs publics des Pays-Bas furent saisis de réclamations par leurs commettants. Une délégation de chefs de bureau du Ministère hollandais, de professeurs de l'Université de Leyden et de leurs consuls, rendit visite au directeur du Laboratoire des finances à Lille, au directeur des Douanes, puis aux chimistes officiels; elle se rendit ensuite auprès du Ministre plénipotentiaire à Paris, à qui elle exposa cette situation désastreuse.

Les beurres arrêtés furent réexportés dans leur pays d'origine et les prélèvements d'échantillons cessèrent tout à fait. Cependant, quelques saisies furent maintenues. Les auteurs de ces fraudes comparaissaient devant le tribunal correctionnel de Lille et l'affaire se terminait par un acquittement général.

Cet acquittement a été prononcé à la suite des dépositions de chimistes hollandais et français qui, appelés en témoignage par les prévenus, vinrent affirmer devant les tribunaux que les beurres de Hollande, à certaines époques de l'année, avaient une composition anormale qui les rapprochait de celle des beurres margarinés. Ces assertions ont créé une situation extrêmement embarrassante pour nos tribunaux, devant lesquels on venait déclarer que les bases adoptées par les experts français pour établir leurs conclusions étaient défectueuses.

Quelques détails sont indispensables pour expliquer comment on détermine la fraude, d'après les résultats de l'analyse.

Tout d'abord, il n'est pas superflu d'indiquer ici pourquoi la recherche de la margarine dans le beurre offre de si grandes difficultés.

Les graisses fabriquées par l'organisme animal sont essentiellement formées par trois corps gras neutres : la stéarine, la margarine et l'oléine, dont le mélange forme presque toute la masse des corps gras animaux : suif, saindoux, beurre, etc.

Or, d'une part, la graisse des tissus adipeux dont on retire le produit, improprement appelé *margarine* et, d'autre part, le beurre secrété par les glandes mammaires des vaches sont élaborés au sein de l'organisme animal d'une même espèce et dérivent d'une même alimentation. Ces différents produits ont, par suite, une constitution à peu près identique. Une seule différence existe entre eux, c'est la présence dans le beurre d'une petite quantité de glycérides à acides volatils (butyrine, caprine, caproïne). Si, dans un beurre, on introduit la margarine commerciale, qui est en réalité constituée par un mélange de stéarine, de margarine et d'oléine, on ne fait qu'y ajouter un produit qui y existe déjà en grande abondance. Pour rechercher si ces substances chimiques, identiques entre elles, ont été fabriquées dans les cellules adipeuses ou dans les glandes mammaires, nous n'avons que le critérium signalé plus haut d'une teneur relativement faible du beurre en acides volatils, qui n'existent pas dans les graisses des tissus.

Les experts français paraissent à peu près d'accord sur la proportion d'acides volatils de nos beurres. On sait que celle-ci est sujette à des variations sensibles, avec les races laitières, avec le mode d'alimentation, la saison, etc. C'est un fait qui n'a jamais été discuté et c'est là précisément ce qui rend si délicates les expertises de beurre. Cependant, les experts ont observé que ces variations sont comprises dans des limites assez peu éloignées. Qu'il y ait dans un cas exceptionnel une différence plus sensible, cela peut arriver, mais toute répression de la fraude deviendrait impossible, si on calculait la limite inférieure d'après un produit tout à fait anormal, qu'on ne risque pas d'ailleurs de rencontrer sur le marché, où les beurres sont toujours le résultat de mélanges.

Quant à cette limite inférieure, dont la détermination a été faite par chaque expert pour sa région, en la fixant à 5.5 d'acides volatils p. 100 de la matière grasse du beurre, exprimés en acide butyrique, on ne risque pas de faire condamner un beurre pur, s'il appartient à la nature des beurres généralement produits en France.

C'est cette limite de 5.5, ou voisine de ce chiffre, qui servit aux experts pour affirmer la fraude et pour déterminer les proportions de margarine ajoutées au beurre.

Or ces bases seraient défectueuses, d'après les assertions des chimistes hollandais; celles-ci se trouvent réunies dans une brochure de M. van Rijn, directeur de la station agronomique de Maestricht, qui a analysé plus de quatre cents échantillons de beurres purs. Les résultats de ces analyses montrent qu'aux mois d'octobre et de novembre, la teneur des beurres en acides volatils est sensiblement inférieure au chiffre de 5.5, qu'elle s'abaisse jusqu'au-dessous de 4, ce qui, pour des experts non prévenus, conduirait à la constatation d'une addition de margarine dans la proportion de près de 40 p. 100.

On comprend que de telles affirmations ont dû porter un trouble considérable dans les procès intentés devant les tribunaux. Elles firent naître dans l'esprit des juges un doute, dont profitent les prévenus et dont d'ailleurs ont dû tirer parti les fraudeurs habiles et audacieux.

On a d'abord pensé à modifier la base de 5.5 adoptée et à l'abaisser jusqu'à un point suffisamment bas, soit 4 p. 100; mais une telle mesure eût été grosse de conséquences. En effet, les beurres ayant une teneur normale en acides volatils pourraient être, au delà de la frontière, additionnés de 30 à 40 p. 100 de margarine et nous revenir alors sous le nom de *beurres néerlandais*, que les experts déclareraient purs.

On voit quels dangers paraissait offrir cette situation. Mais il s'agissait, avant toute chose, de savoir si ces dangers étaient réels ou seulement imaginaires, et il convenait d'être éclairé sur la composition des beurres néerlandais.

Sur la proposition de M. Müntz, M. le Ministre de l'agriculture décida l'étude de cette question. C'est à la suite de ces circonstances que nous fûmes chargés de la mission dont nous allons rendre compte.

ÉTUDE DE LA COMPOSITION DES BEURRES NÉERLANDAIS.

Nous sommes arrivés en Hollande le 9 octobre 1899, avec la mission de prélever, dans les différentes régions, des échantillons authentiques de lait. Nous devions ensuite baratter ces laits, puis soumettre à l'analyse les beurres ainsi obtenus.

Notre premier soin a été de nous mettre en relations avec les représentants du Gouvernement français à la Haye, pour étudier les conditions dans lesquelles nous pourrions réaliser au mieux notre mission. M. le Ministre plénipotentiaire à la Haye, M. Biboure, ainsi que le consul de France, M. Guillet, ont bien voulu mettre à notre disposition, pour nous accompagner et nous servir d'interprète, M. de Vries, commis à la Chancellerie de France, qui nous a été d'un très réel secours.

D'autre part, nous avons été puissamment secondés par M. le comte de Limburg Stirum, qui nous a prêté un concours effectif des plus précieux. Nous sommes heureux de lui adresser ici nos plus vifs remerciements. Nous nous faisons également un devoir de remercier MM. van der Sande, Mesdag, Sjolema et van Hœk, qui ont bien voulu faciliter notre tâche.

Les démarches préliminaires, ainsi que l'organisation toujours difficile en pays étranger, des opérations multiples que nous avions à effectuer sur place, nous ont fait perdre plusieurs jours. Aussi, vu le peu de temps dont nous disposions, nous avons dû renoncer à étendre nos opérations à tous les Pays-Bas.

Après nous être renseignés exactement sur les régions les plus importantes au point de vue de la production beurrière et sur celles où le commerce des beurres a le plus d'extension, nous avons choisi un certain nombre de provinces qui, par leur facilité d'accès, leur importance et les commodités que nous étions sûrs d'y rencontrer, nous permettaient de prendre, dans le moins de temps, le plus grand nombre d'échantillons [1].

C'est ainsi que nous avons fait porter nos recherches sur les provinces de Hollande méridionale, de Hollande septentrionale, de Frise, de Groningue et de Brabant septentrional. Ces provinces représentent les principales conditions de la production du beurre dans les Pays-Bas, et ce sont à peu près celles où cette industrie est le plus développée.

PRÉPARATION DES ÉCHANTILLONS.

Dans l'impossibilité où nous étions de nous servir d'une écrémeuse, nous nous trouvions dans la nécessité de baratter directement le lait.

Le plus simple, *à priori*, eût été de pratiquer sur place cette opération, aussitôt après la traite. Dans ces conditions, comme nous avons pu nous en assurer par des essais préliminaires faits à la Haye, nous n'aurions obtenu qu'une très faible proportion du beurre contenu dans le lait. On aurait pu objecter que des échantillons ainsi préparés ne présentaient pas exactement la composition de la matière grasse totale du lait et nos conclusions auraient porté sur des résultats analytiques dont la valeur aurait pu être discutée. Pour obtenir la presque totalité du beurre par le barattage d'un lait donné, il aurait fallu pouvoir le refroidir à + 7 ou + 8 degrés, condition indispensable et irréalisable, étant donnés nos moyens d'action.

Il nous était beaucoup plus commode d'opérer sur le lait aigre. On sait que cette opération se pratique facilement et qu'elle donne, quand on s'y prend bien, des produits semblables, en quantité et en qualité, à ceux que l'on obtient par le barattage de la crème.

[1] Nous joignons à notre rapport une étude sur les conditions de la production du beurre dans les Pays-Bas, d'après les documents qu'a bien voulu nous fournir M. Venema, chef de bureau de la Statistique d'agronomie au Ministère de l'intérieur, à la Haye.

C'est à cette façon d'opérer que nous avons eu recours pour la préparation de nos échantillons.

Nous nous rendions à l'improviste dans les exploitations; les vaches étaient traites sous nos yeux dans le pâturage même ou dans l'étable, suivant les cas. Le lait obtenu, soit de la traite de toutes les vaches de la ferme, soit seulement d'un certain nombre choisies par nous, était soigneusement mélangé et on en prenait un échantillon moyen, variable suivant la capacité de la baratte dont nous pouvions disposer. Chaque échantillon de lait était de 20 litres au moins et a pu atteindre dans certains cas 45 litres.

Les bidons, après addition au lait d'une faible quantité de lait aigri (*carnemelk*), étaient fermés et les couvercles scellés à la cire avec le cachet de l'Administration française. Ces récipients étaient ensuite portés dans les locaux que nous nous étions procurés et maintenus à une température voisine de 20 degrés du jour au lendemain, temps suffisant pour que le lait aigrisse, de façon à arriver à cet état de coagulation commençante où il est déjà un peu pâteux. En opérant ainsi, nous avons obtenu de bons produits et le barattage s'est toujours fait sans difficulté.

Chaque échantillon de lait a été baratté séparément.

Les beurres lavés, malaxés et légèrement salés, ont été mis en flacons, étiquetés et scellés.

Tous ces flacons scellés étaient placés, au fur et à mesure de leur préparation, dans des boîtes également scellées à la cire et qui ne nous ont jamais quittés. Grâce aux facilités que nous a données la chancellerie de France, ces boîtes n'ont pas été ouvertes à la frontière et elles sont arrivées au laboratoire avec les scellés intacts.

On voit que, en ce qui concerne les échantillons que nous avons préparés nous-mêmes, nous nous sommes entourés de toutes les précautions nécessaires et qu'ils présentaient des garanties indiscutables d'authenticité.

D'autre part, nous avons cru intéressant de prélever concurremment, à titre d'indication, des échantillons de beurres chez les fermiers qui font le beurre eux-mêmes, dans les fabriques, ainsi que sur les grands marchés.

ANALYSE DES ÉCHANTILLONS.

Dès notre retour, nous avons entrepris l'analyse de nos échantillons qui, en raison de la basse température de cette époque, n'avaient subi aucune altération.

Les déterminations que nous avons effectuées ont porté sur :

1° Le dosage des acides volatils;

2° La détermination de l'indice de saponification;

3° La détermination de la température critique de solubilité dans l'alcool.

Nous avons donné au début de cette étude quelques explications sur la composition du beurre de vache et sur les différences qui le distinguent des margarines et autres graisses animales ou végétales. Dans les beurres, la somme des acides gras fixes et des acides gras volatils reste toujours à peu près constante. A une grande quantité d'acides gras fixes correspond une petite quantité d'acides gras volatils, et inversement; les quantités d'acides gras fixes et d'acides gras volatils sont donc complémentaires l'une de l'autre. Pour juger de la qualité d'un beurre, il est indifférent à l'expert de connaître l'une ou l'autre de ces proportions; il est bien évident qu'une seule de ces deux valeurs lui suffit.

La détermination des acides volatils présentant plus de garanties d'exactitude que celle des acides gras fixes, c'est au dosage des acides volatils que tous les experts ont recours dans les analyses de beurre. Il est bon d'ajouter que cette détermination se fait avec beaucoup de rigueur par la méthode officielle de l'Administration française et que cette méthode permet de doser avec exactitude la quantité totale des acides gras volatils contenus dans le beurre.

Voici, brièvement exposé, le mode opératoire suivi en France pour le dosage des acides volatils :

Dans un verre à précipiter de 90 centim. cubes environ, on pèse 5 grammes du beurre fondu et filtré; on y ajoute 2 centim. cubes 5 d'une solution de potasse pure très concentrée (120 grammes de potasse dissous dans l'eau; le volume total est amené à 100 centim. cubes). On agite avec une baguette de verre, de façon à émulsionner le beurre. Lorsque la masse devient dure, on porte à l'étuve à 50 degrés pendant vingt minutes.

On dissout le savon dans environ 75 centim. cubes d'eau chaude; on introduit, dans le ballon tubulé qui sert à faire la distillation, la solution de savon, ainsi que les eaux de lavage du verre; on refroidit la solution, on y ajoute une quantité d'acide phosphorique un peu supérieure à celle qui est nécessaire pour saturer la potasse ayant servi à saponifier le beurre. Après avoir mis quelques fragments de pierre ponce dans le ballon, on l'attelle à la trompe et on fait le vide pendant environ quinze minutes, en agitant souvent de façon à chasser l'acide carbonique absorbé par la potasse. On adapte le ballon au réfrigérant; on chauffe au moyen d'un bain de chlorure de calcium, maintenu à environ 120 degrés, et on distille.

On rajoute, au moyen de la tubulure latérale, 20 centim. cubes d'eau bouillante dans le ballon chaque fois que cela est nécessaire, et on recueille 400 centim. cubes de liquide. On a interposé, entre le réfrigérant et la fiole jaugée de 400, un petit filtre qui retient les acides volatils concrets.

On titre les 400 centim. cubes ainsi recueillis avec de l'eau de chaux titrée, en employant la phénolphtaléine comme indicateur.

On calcule la quantité d'acides volatils correspondant à 100 grammes de matière grasse et on l'exprime en acide butyrique.

L'indice de saponification représente, exprimé en milligrammes, le poids de potasse nécessaire pour transformer en savon 1 gramme de beurre. Cette quantité de potasse est beaucoup plus faible pour les glycérides à acides fixes que pour ceux à acides volatils. Il en résulte que l'indice de saponification d'un beurre sera représenté par un chiffre d'autant plus élevé que ce beurre sera plus riche en acides volatils. C'est donc à peu près la même chose que le dosage des acides volatils, auquel cette nouvelle détermination peut servir de contrôle.

Il en est à peu près de même de la température critique de solubilité dans l'alcool, qui est plus élevée pour les beurres riches en acides gras fixes et plus basse pour les produits riches en acides gras volatils.

La détermination la plus importante, celle qui, pour l'expert, doit avoir le plus de valeur, est le dosage des acides volatils. Or cette opération s'effectue, suivant les pays, par des procédés différents. En Hollande, on pratique dans tous les laboratoires un procédé dit *Reichert-Wolny*. C'est la méthode de Reichert successivement modifiée par Meissl, Leffman, Bean, Wolny. Elle ne donne qu'une certaine partie des acides volatils du beurre, et, si les résultats qu'elle fournit sont comparables entre eux pour différents beurres, ces résultats ne peuvent être opposés à ceux du procédé français qu'après avoir subi une correction dont le coefficient était à vérifier.

Voici comment on effectue le dosage :

On pèse 5 grammes de beurre fondu et filtré; on les porte dans un ballon d'environ 4oo centim. cubes. On y ajoute quelques morceaux de pierre ponce et 22 centim. cubes d'un mélange de 1,000 centim. cubes de glycérine et de 1oo centim. cubes d'une solution de potasse à 5o p. 1oo.

On chauffe en agitant souvent, sur la flamme directe d'un brûleur, jusqu'à complète saponification et départ de l'eau, ce qui est indiqué par la disparition de la mousse et par la clarification instantanée du liquide.

Le savon est dissous dans 9o centim. cubes d'eau bouillante; on ajoute 5o centim. cubes d'acide sulfurique dilué pour mettre en liberté les acides gras (25 centim. cubes d'acide sulfurique concentré dans un litre d'eau).

On attelle le ballon au réfrigérant; on distille et on recueille 11o centim. cubes. La distillation doit s'effectuer en vingt-cinq minutes environ. Le liquide distillé, bien mélangé par agitation, est versé sur un filtre sec. On recueille 1oo centim. cubes et on opère le titrage au moyen de la soude caustique (exempte de carbonate) 1/1o normale, avec la phénolphtaléine comme indicateur.

On multiplie par 1.1 le nombre de centimètres cubes versés pour rapporter le résultat aux 11o centim. cubes distillés. C'est ce nombre de centimètres cubes corrigé qui est l'indice Reichert.

Les assertions des principaux chimistes qui sont venus devant nos tribunaux déposer sur la composition anormale de certains beurres néerlandais reposaient sur des déterminations faites avec la méthode hollandaise. Nous devions donc tout d'abord comparer cette méthode avec celle de l'Administration française, pour nous assurer que les différences de composition signalées par ces chimistes ne tenaient pas, tout au moins partiellement, aux différents procédés de dosage mis en œuvre.

Déjà M. van Rijn avait fait, sous la direction de M. Wysman, une quarantaine d'analyses de beurre, dans le but d'établir une relation entre les chiffres fournis par la méthode hollandaise et ceux que l'on obtient par le procédé officiel français. La relation trouvée fut de 1.13, c'est-à-dire que, si après avoir transformé par le calcul l'indice Reichert en acide butyrique pour 1oo de matière grasse, on multiplie le résultat ainsi obtenu par le coefficient 1.13, on retombe à peu près sur le chiffre d'acides volatils qu'aurait donné directement le procédé officiel français.

Nous avons analysé, comparativement par les deux méthodes, un certain nombre de nos beurres. Cette comparaison nous a été facile, M. Wysman, professeur à la Faculté de Leyden, ayant bien voulu, au cours d'une visite que nous lui avons faite, nous donner très obligeamment tous les renseignements pratiques sur la façon dont le dosage des acides volatils est pratiqué dans les Pays-Bas.

Les résultats que nous avons obtenus sur nos beurres sont consignés dans le tableau suivant :

TABLEAU I. — DOSAGE DES ACIDES VOLATILS.

(COMPARAISON DE LA MÉTHODE REICHERT-WOLNY AVEC LA MÉTHODE OFFICIELLE FRANÇAISE.)

NUMÉROS.	INDICE REICHERT-WOLNY.	ACIDE BUTYRIQUE POUR 100		RELATION ENTRE les DEUX MÉTHODES.
		CALCULÉ d'après l'indice Reichert-Wolny.	TROUVÉ par le procédé officiel français.	
1	23.29	4.10	4.48	1.09
2	25.95	4.57	5.19	1.13
3	19.64	3.46	4.00	1.15
4	23.19	4.08	5.00	1.22
5	21.63	3.81	4.48	1.17
6	20.23	3.56	4.00	1.12
7	24.16	4.25	5.02	1.18
8	26.09	4.59	5.48	1.19
9	25.37	4.46	5.12	1.14
10	24.93	4.39	4.74	1.07
11	24.83	4.37	4.92	1.12
12	25.47	4.48	4.96	1.10
13	23.48	4.13	4.46	1.07
14	26.92	4.74	5.28	1.11
15	28.04	4.93	5.50	1.11
16	25.37	4.46	5.14	1.15
17	24.01	4.23	4.86	1.14
18	23.48	4.13	4.80	1.16
19	28.08	4.94	5.72	1.15
20	24.25	4.27	5.34	1.25
21	23.14	4.07	4.97	1.22
22	23.96	4.22	5.27	1.24
23	22.70	3.99	5.08	1.27

La première colonne de ce tableau donne l'indice Reichert déterminé par la méthode hollandaise, c'est-à-dire le nombre de centimètres cubes de solution déci-normale de soude nécessaire pour saturer les acides volatils de 5 grammes de beurre. Dans la deuxième colonne, cet indice Reichert est transformé par le calcul en acide butyrique pour 100 de matière grasse. La troisième comprend les résultats fournis par le procédé officiel français. Enfin, dans la quatrième, nous avons fait figurer la relation existant entre ces deux derniers chiffres. On voit que cette relation est assez variable et que l'adoption du coefficient moyen 1.13 peut causer des erreurs sensibles.

A ce propos, nous ferons remarquer combien nous semble bizarre de noter, en centimètres cubes de solution *alcaline*, le résultat d'un dosage d'*acides*.

N'est-ce pas antiscientifique et obscur que d'exprimer par un nombre abstrait, n'ayant en lui-même aucune signification, une chose aussi nette et aussi définie que la richesse d'un beurre en acides volatils ?

Ce chiffre banal est toujours accompagné du nom d'un des nombreux chimistes qui, après avoir successivement modifié la méthode de dosage, ont cru devoir lui imposer un nouveau baptême et lui donner leur nom. Ainsi certains auteurs ne parlent plus du *dosage des acides volatils*, expression que tout le monde comprendrait. Ils trouvent plus commode de dire l'*indice Reichert* ou, plus simplement encore, le *Reichert*, ou le *Meissl*, ou le *Wolny*, etc.

Si l'on acceptait ce langage, aucune raison n'empêcherait de le généraliser, et on serait en droit de remplacer, dans l'analyse des engrais, la richesse centésimale en azote, par exemple, par un *indice Péligot* ou un *indice Kjeldahl*, qui serait alors *n* centimètres cubes d'acide sulfurique ou de solution alcaline titrés: ce serait de la pure fantasmagorie.

Il est à souhaiter que l'on renonce d'une façon absolue à ce langage cabalistique. En effet, les bulletins d'analyses et les rapports d'expertises ne doivent pas être rédigés à l'usage exclusif des chimistes de profession; il faut, au contraire, qu'ils puissent être lus, étudiés et compris par le plus grand nombre, même par ceux qui ne possèdent que des notions élémentaires de chimie.

En dehors d'un petit nombre d'initiés, la signification de l'indice de Reichert ou de Wolny, etc., restera donc incompréhensible. La diversité des noms propres employés, dans ce cas, pour servir d'étiquette à un chiffre sans grande signification par lui-même, ne peut encore qu'ajouter à la confusion.

Nous ajouterons qu'il est de toute nécessité que le résultat d'un *dosage d'acide* soit exprimé en *acide* et rapporté à 100 de matière analysée. Or, comme dans le beurre l'acide volatil qui domine est l'acide butyrique, il est tout à fait logique d'exprimer le résultat du dosage des acides volatils, dans ce produit, en acide butyrique pour 100 de matière grasse, comme le font la plupart des chimistes français.

Ces considérations étant exposées, passons maintenant aux résultats que nous avons obtenus par l'analyse de nos échantillons. Nous les avons classés par provinces.

PROVINCE DE HOLLANDE MÉRIDIONALE.

Cette province, d'une superficie de 302,200 hectares, comptait, en 1897, 163,245 hectares de prairies, dont 100,027 en pâturages et 63,218 exploités pour la production du foin. Dans ces derniers, le rendement moyen en foin était de 3,300 kilogrammes pour la première coupe et de 1,990 kilogrammes pour la deuxième, soit un rendement de 5,290 kilogrammes par hectare.

La population bovine se composait comme suit :

Vaches laitières	115,659
Taureaux de saillie	3,241
Veaux et génisses	66,148
Bœufs et vaches à l'engrais	12,591

La production du beurre se répartit ainsi :

	TONNES.
Beurre produit dans les fermes	3,349 8
Beurre produit dans les fabriques	631 5
Total du beurre produit	3,981 3

MM. Coudon et Rousseaux. 3

Le nombre de fabriques de beurre est relativement faible dans cette province; on n'y compte que 73 écrémeuses centrifuges, dont 33 seulement mues par la vapeur. Le plus grand nombre de propriétaires ou fermiers fabriquent eux-mêmes le beurre.

Nous avons visité six fermes de la Hollande méridionale, deux près de Delft, situées sur des polders de bonne qualité; une à Wassenaar, établie sur des sables assez maigres au bord de la mer du Nord; deux à Alfen et une à Oudshoorn, dans la vallée du Rhin.

M. W. G. van Leeuwen, Achterom, 143, à Delft. — 13 octobre, matin.

Une douzaine de vaches (âge moyen : 5 à 6 ans). Les vaches sont rentrées à l'écurie depuis quinze jours. Elles reçoivent trois fois par jour un mélange de tourteau de lin, de farine de froment et de féveroles, ainsi que du foin.

	ACIDES VOLATILS.	INDICE de SAPONIFICATION.	TEMPÉRATURE CRITIQUE.
Beurre préparé par nous.............	4.48	220.2	55°2
Beurre acheté à M. van Leeuwen.......	4.66	220.1	56 0

M. S. Lugtigheid, Vronwenrecht, à Delft. — 13 octobre, soir.

Une douzaine de vaches (âge moyen : 5 à 6 ans). Elles sont encore au pâturage, où elles vivent jour et nuit depuis le mois de mai. Ce pâturage est de bonne qualité. Les vaches ne reçoivent pas d'autre nourriture. Temps froid et pluvieux.

	ACIDES VOLATILS.	INDICE de SAPONIFICATION.	TEMPÉRATURE CRITIQUE.
Beurre préparé par nous..............	5.19	225.0	53°5
Beurre acheté à M. S. Lugtigheid......	4.51	218.0	56 0

M. le comte de Limburg Stirum, Ryksdorp, à Wassenaar. — 14 octobre, soir.

Pâturages maigres et pauvres, situés sur des sables peu fertiles, près de la mer. Les vaches sont au pâturage depuis le printemps. Temps froid et pluvieux.

	ACIDES VOLATILS.	INDICE de SAPONIFICATION.	TEMPÉRATURE CRITIQUE.
Beurre préparé par nous.............	3.80	210.0	60°0
Beurre acheté au fermier.............	3.81	211.0	59 75

M. Clant, Alfen (a. d. Rijn). — 17 octobre, matin.

Une quarantaine de vaches (âge moyen : de 3 à 6 ans). Excellents pâturages, considérés comme les meilleurs des deux provinces de Hollande.

Une partie des vaches est rentrée à l'étable depuis une quinzaine de jours; le reste est encore au pâturage. Temps sec, assez beau, froid la nuit.

	ACIDES VOLATILS.	INDICE de SAPONIFICATION.	TEMPÉRATURE CRITIQUE.
Beurre préparé par nous, avec le lait des vaches au pâturage................	4.00	217.0	59°5
Beurre préparé par nous avec le lait des vaches à l'étable.................	5.00	223.0	50 25

M. A. VERKLEY, Alfen (a. d. Rijn). — 17 octobre, soir.

33 vaches (âge moyen : 3 à 8 ans). Elles sont encore au pâturage. Les pâturages sont excellents.

Temps sec, assez beau, froid la nuit.

	ACIDES VOLATILS.	INDICE de SAPONIFICATION.	TEMPÉRATURE CRITIQUE.
Beurre préparé par nous............	4.48	214.0	54°2
Beurre acheté à M. Verkley..........	4.76	214.0	55 0

M. G. J. DE HERTOG, Oudshoorn. — 17 octobre, soir.

40 vaches (âge moyen : 3 à 8 ans). Les pâturages sont de bonne qualité; les vaches y sont encore. M. de Hertog fabrique du beurre et du fromage. Temps sec, assez beau, froid la nuit.

	ACIDES VOLATILS.	INDICE de SAPONIFICATION.	TEMPÉRATURE CRITIQUE.
Beurre préparé par nous............	4.00	217.0	56°0

PROVINCE DE HOLLANDE SEPTENTRIONALE.

Cette province a une superficie totale de 274,000 hectares. En 1897, elle possédait 154,140 hectares de prairies, dont 89,165 en pâturages et 65,035 réservés à la production du foin. La production moyenne du foin était de 3,425 kilogrammes pour la première coupe et 2,300 kilogrammes pour la deuxième, soit en moyenne 5,725 kilogrammes par hectare.

La population bovine se composait de :

Vaches laitières....................................	117,972
Taureaux de saillie................................	1,774
Veaux et génisses..................................	44,254
Bœufs et vaches à l'engrais........................	5,401
Bœufs de trait.....................................	4

La production du beurre se répartit ainsi :

	TONNES.
Beurre produit dans les fermes....................	1,183 3
Beurre produit dans les fabriques................	165 4
PRODUCTION TOTALE......................	1,348 7

Dans cette province, le nombre des fabriques de beurre est encore plus restreint que dans la Hollande méridionale. On ne comptait, en 1897, que 33 écrémeuses centrifuges, dont 11 seulement mues par la vapeur.

Le plus souvent, dans cette région, on fait marcher simultanément la fabrication du beurre et du fromage. Le lait de la traite du soir est écrémé le lendemain matin et la crème est mise de côté; le lait écrémé est mélangé avec le lait entier de la traite du matin et le mélange est employé à la fabrication du fromage.

3.

Nous avons visité deux fermes importantes, l'une à Berkhout, près de Hoorn, située assez près du Zuydersee ; l'autre à Hoogkarspel, au centre de la presqu'île de Enkhuisen.

M. J. SPAANDER, à Berkhout, près Hoorn. — 19 octobre, soir.

12 vaches (âge moyen : 2 à 8 ans). Elles sont encore au pâturage ; ces derniers sont de bonne qualité, mais inférieurs à ceux d'Alfen. Terres très tourbeuses. Les vaches donnent à ce moment 6 litres de lait par jour. On les trait toutes à fond et c'est avec un échantillon moyen de ce lait qu'est fait le beurre dont ci-dessous l'analyse.
Temps assez beau.

	ACIDES VOLATILS.	INDICE de SAPONIFICATION.	TEMPÉRATURE CRITIQUE.
Beurre préparé par nous	5.02	222.0	52°6

M. D. BRANDER, à Hoogkarspel, près Hoorn. — 19 octobre, soir.

18 vaches (âge moyen : 2 ans 1/2 à 6 ans 1/2). Les terres de cette région sont des meilleures de la province de Hollande septentrionale. Les pâturages y sont très bons. La fièvre aphteuse règne dans la région, mais les vaches de cette propriété en sont indemnes. Elles sont encore au pâturage et donnent en moyenne 10 litres de lait par jour.
Temps assez beau.

	ACIDES VOLATILS.	INDICE de SAPONIFICATION.	TEMPÉRATURE CRITIQUE.
Beurre préparé par nous	5.48	223.0	52°0

PROVINCE DE FRISE.

Cette province, de beaucoup la plus importante au point de vue de la production laitière, a une superficie totale de 332,000 hectares. Elle possède 207,287 hectares de prairies, dont 105,248 en pâturages et 102,039 exploités en vue de la production du foin.

La production moyenne du foin est de 2,865 kilogrammes pour la première coupe et 1,850 kilogrammes pour la deuxième, soit 4,715 kilogrammes par hectare.

La population bovine est de :

Vaches laitières	142,759
Taureaux de saillie	3,558
Veaux et génisses	83,099
Bœufs et vaches à l'engrais	4,138
Bœufs de trait	29

La production du beurre est de :

	TONNES.	
Beurre produit dans les fermes	4,103	0
Beurre produit dans les fabriques	7,131	5
PRODUCTION TOTALE	11,234	5

C'est la province des Pays-Bas où l'on trouve le plus de prairies (environ 62 p. 100 de la surface totale); les fabriques de beurre y sont en grand nombre; on y compte, en effet, près de 300 écrémeuses centrifuges, dont 160 fonctionnant à l'aide de la vapeur. Beaucoup de ces fabriques sont montées en sociétés coopératives. Le beurre y est préparé avec le plus grand soin, et la propreté de ces usines est remarquable.

Cette province étant de beaucoup la plus importante au point de vue de la production beurrière, nous y avons pris un très grand nombre d'échantillons.

Grâce au concours de M. Mesdag, qui a mis très aimablement son laboratoire à notre disposition, nous avons pu, soit en chemin de fer, soit en voiture, rayonner dans tous les sens, rapportant chaque jour à Leeuwarden nos bidons de lait. C'est ainsi que, dans cette province, nous avons visité 13 fermes et 5 usines.

M. S. R. Keestra, à Jelsum. — 20 octobre, matin.

Dans cette ferme, nous trouvons 27 vaches de 4 à 6 ans; 20 d'entre elles sont encore au pâturage; les 7 autres sont à l'étable depuis environ un mois; elles sont nourries de foin, tourteaux de lin et farine de froment. Le lait est vendu à la fabrique. Nous prenons séparément un échantillon moyen du lait des vaches au pâturage et des vaches à l'étable.

Les pâturages sont de bonne qualité; les vaches donnent actuellement 10 litres de lait par jour.

Temps assez beau, un peu froid.

		ACIDES VOLATILS.	INDICE de SAPONIFICATION.	TEMPÉRATURE CRITIQUE.
Beurres préparés	Vaches au pâturage..	4.74	219.0	54°6
par nous.	Vaches à l'étable.....	5.12	224.0	50 25

M. J. A. Wassenaar, à Jelsum. — 20 octobre, matin.

15 vaches (âge moyen : 4 à 5 ans). Elles donnent actuellement 10 à 11 litres de lait par jour. Les vaches sont encore au pâturage. Le lait est vendu à l'usine; les prairies sont considérées comme de très bonne qualité.

Temps assez beau, un peu froid.

	ACIDES VOLATILS.	INDICE de SAPONIFICATION.	TEMPÉRATURE CRITIQUE.
Beurre préparé par nous..............	4.92	221.5	54°4

M. Jacob Eekma, à Leeuwarderadeel. — 20 octobre, soir.

28 vaches de 2 à 7 ans, qui donnent actuellement 8 à 9 litres de lait par jour; ce lait est vendu à la fabrique. Les terres sont de très bonne qualité, excellents pâturages.

Temps assez beau, un peu froid.

	ACIDES VOLATILS.	INDICE de SAPONIFICATION.	TEMPÉRATURE CRITIQUE.
Beurre préparé par nous.	4.96	220.0	52°0

M. J. Wiersma, à Roordahuizum. — 21 octobre, matin.

27 vaches (âge moyen : 3 à 4 ans). Les pâturages sont de bonne qualité. 11 vaches sont encore au pâturage, 16 sont à l'étable depuis 8 jours. Le beurre est fait à la ferme. Nous prenons des échantillons séparés du lait des vaches au pâturage et de celles à l'étable. Nous prenons également un échantillon de beurre fait la veille par le fermier.

Temps humide, un peu froid.

	ACIDES VOLATILS.	INDICE de SAPONIFICATION.	TEMPÉRATURE CRITIQUE.
Beurres préparés par nous. { des vaches au pâturage	4.46	218.0	52°5
{ des vaches à l'étable..	5.22	222.0	50 1
Beurre préparé par le fermier (lait moyen de toutes les vaches)...............	5.09	220.0	52 0

M. Schaap, à Roordahuizum. — 21 octobre, matin.

Vaches de 4 à 6 ans. Elles sont au pâturage; les prairies sont de très bonne qualité et les vaches donnent encore 20 litres de lait par jour.

Temps humide, un peu froid.

	ACIDES VOLATILS.	INDICE de SAPONIFICATION.	TEMPÉRATURE CRITIQUE.
Beurre préparé par nous..............	5.50	228.0	49°5

Fabrique coopérative de Roordahuizum. — 21 octobre, matin.

Fabrique importante et très bien installée; nous nous y présentons au moment de l'arrivée du lait de la traite du matin. Nous prélevons un échantillon moyen de ce lait et un échantillon de beurre fait le matin à la fabrique.

	ACIDES VOLATILS.	INDICE de SAPONIFICATION.	TEMPÉRATURE CRITIQUE.
Beurre préparé par nous...............	5.14	223.0	51°8
Beurre préparé par la fabrique.........	4.58	220.0	53 5

M. Cornelissen, à Roordahuizum. — 21 octobre, matin.

36 vaches de 2 à 6 ans. Le fermier exploite encore suivant la vieille méthode; il fait lui-même du beurre et du fromage; le lait est écrémé trois fois. Les terres de cette ferme sont des meilleures de toute la province. Les vaches sont encore au pâturage; on prend un échantillon de lait, ainsi qu'un échantillon du beurre fabriqué par M. Cornelissen.

	ACIDES VOLATILS.	INDICE de SAPONIFICATION.	TEMPÉRATURE CRITIQUE.
Beurre préparé par nous	5.72	228.0	51°0
Beurre préparé à la ferme............	5.13	220.0	53 5

Fabrique de Trynwalden en Omstreken Giekerk. — 21 octobre, soir.

Fabrique assez importante faisant en moyenne 350 kilogrammes de beurre par jour et du fromage. Une partie du lait du matin est écrémée et sert à la fabrication du fromage. Nous prenons un échantillon moyen du lait de la traite du soir au moment où il est apporté par les fermiers, ainsi que deux échantillons du beurre de la fabrique.

Temps assez beau.

	ACIDES VOLATILS.	INDICE de SAPONIFICATION.	TEMPÉRATURE CRITIQUE.
Beurre préparé par nous...............	5.28	225.0	51°8
Beurre de la fabrique, fait le matin.....	4.95	220.0	52 75
Beurre de la fabrique, fait le soir.......	4.48	219.0	52 5

M. Riestra, à Ryperkerk. — 21 octobre, soir.

14 vaches; sol tourbeux de bonne qualité; très bons pâturages; les vaches sont au pâturage.

Temps assez beau.

	ACIDES VOLATILS.	INDICE de SAPONIFICATION.	TEMPÉRATURE CRITIQUE.
Beurre préparé par nous...............	4.86	221.0	53°3

M. van den Veen, à Hardegereyp. — 21 octobre, soir.

12 vaches de 3 à 4 ans, donnant actuellement 6 litres de lait par jour; sol tourbeux de bonne qualité. Les vaches sont encore au pâturage.

Temps assez beau.

	ACIDES VOLATILS.	INDICE de SAPONIFICATION.	TEMPÉRATURE CRITIQUE.
Beurre préparé par nous...............	4.80	220.0	55°0

M. K. N. Kuperus, à Marsum. — 21 octobre, soir.

Ferme modèle, où depuis de longues années on pratique d'une façon méthodique et rationnelle la sélection des vaches en vue de la production du lait; la sélection porte non seulement sur la quantité de lait, mais aussi sur sa richesse en matières grasses.

Le lait de chaque vache est analysé fréquemment.

Les résultats obtenus sont des plus intéressants; actuellement chaque vache y donne en moyenne 5,200 litres de lait par an.

L'exploitation possède 50 vaches (âge moyen : 2 ans 1/2 à 5 ans). Une partie est encore au pâturage; l'autre est à l'étable depuis une douzaine de jours; chaque vache à l'étable reçoit par jour : 10 kilogrammes de foin, 5 kilogrammes d'herbe ensilée, 1 kilogramme de tourteau de lin et 1 kilogramme de fèves.

Nous prenons un échantillon moyen du lait de 24 vaches au pâturage, et un autre échantillon moyen du lait de 12 vaches à l'étable.

		ACIDES VOLATILS.	INDICE de SAPONIFICATION.	TEMPÉRATURE CRITIQUE.
Beurres préparés par nous.	Vaches au pâturage...	4.97	223.0	53°0
	Vaches à l'étable......	5.34	227.0	49°1

Fabrique coopérative de Marsum. — 21 octobre, soir.

Fabrique assez importante, très bien installée; nous nous y présentons à l'heure de l'arrivage des fermiers, qui livrent le lait de la traite du soir. Nous prélevons un échantillon moyen de ce lait, ainsi qu'un échantillon de beurre mis en tonneau et prêt à être expédié en Angleterre.

	ACIDES VOLATILS.	INDICE de SAPONIFICATION.	TEMPÉRATURE CRITIQUE.
Beurre préparé par nous..............	5.27	225.0	50° 8
Beurre de l'usine..................	5.34	225.0	50 2

M. Overdyk, à Goutum. — 21 octobre, soir.

40 vaches de 2 à 7 ans; terres assez bonnes; pâturages de qualité moyenne. Les vaches sont encore au pâturage.

	ACIDES VOLATILS.	INDICE de SAPONIFICATION.	TEMPÉRATURE CRITIQUE.
Beurre préparé par nous..............	5.08	222.0	53° 2

Fabrique de Oudega (société anonyme). — 23 octobre, matin.

Fabrique très importante qui fait à la fois du beurre et du fromage. Nous prenons un échantillon moyen du lait de la traite du matin et un échantillon de beurre fait à l'usine et prêt à être expédié en Angleterre :
Temps brumeux, un peu froid.

	ACIDES VOLATILS.	INDICE de SAPONIFICATION.	TEMPÉRATURE CRITIQUE.
Beurre préparé par nous..............	4.81	221.0	54° 5
Beurre fait à l'usine.................	4.77	221.0	54 0

Ferme à Oudega, près de la fabrique. — 23 octobre, matin.

12 vaches donnant en moyenne à ce moment 8 litres de lait par jour. Elles sont encore au pâturage.

	ACIDES VOLATILS.	INDICE de SAPONIFICATION.	TEMPÉRATURE CRITIQUE.
Beurre préparé par nous..............	5.22	223.0	52° 75

M. M. A. Sonsma, à Hemelum. — 23 octobre, soir.

9 vaches au pâturage. Terres sablonneuses, près de la mer, d'assez bonne qualité.

	ACIDES VOLATILS.	INDICE de SAPONIFICATION.	TEMPÉRATURE CRITIQUE.
Beurre préparé par nous..............	4.77	220.0	56° 5

M. A. van Rijs, à Hemelum. — 23 octobre, soir.

Terres sablonneuses, voisines de la mer, d'assez bonne qualité. Les vaches sont au pâturage.

	ACIDES VOLATILS.	INDICE de SAPONIFICATION.	TEMPÉRATURE CRITIQUE.
Beurre préparé par nous.............	5.52	225.0	50°5

Fabrique coopérative de Hemelum. — 23 octobre, soir.

Fabrique de moyenne importance; nous y prenons un échantillon de beurre prêt à être expédié.

	ACIDES VOLATILS.	INDICE de SAPONIFICATION.	TEMPÉRATURE CRITIQUE.
Beurre de l'usine.................	5.10	221.0	54°25

PROVINCE DE GRONINGUE.

Cette province a une superficie totale de 229,800 hectares. On y trouve 61,912 hectares de prairies, dont 37,981 en pâturages et 23,931 réservés à la production du foin. La production moyenne de foin est de 2,750 kilogrammes pour la première coupe et de 1,050 kilogrammes pour la deuxième; soit 3,800 kilogrammes à l'hectare.

La population bovine se décompte comme suit :

Vaches laitières....................................	42,295
Taureaux de saillie.................................	1,914
Veaux et génisses..................................	50,078
Bœufs et vaches à l'engrais.........................	5,339

La production du beurre est la suivante :

	TONNES.
Beurre produit dans les fermes.......................	1,498,0
Beurre produit dans les fabriques....................	784,4
Production totale................................	2,282,4

Il y a peu de fabriques en Groningue; on n'y compte, en effet, que 67 écrémeuses centrifuges, dont 44 mues par la vapeur. Dans cette province, nous avons visité deux fermes et une fabrique.

M. K. Cleveringa, à Winsum. — 22 octobre, soir.

7 vaches (âge : 2 ans 1/2 à 4 ans 1/2). Elles sont au pâturage.
Temps froid et humide.

	ACIDES VOLATILS.	INDICE de SAPONIFICATION.	TEMPÉRATURE CRITIQUE.
Beurre préparé par nous.........	4.52	217.0	55°5

MM. Coudon et Rousseaux.   4

M. R. S. Tapper, à Baflo. — 22 octobre, soir.

Dans cette région, presque toutes les vaches sont déjà rentrées à l'étable; cependant, nous trouvons chez M. R. S. Tapper 7 vaches encore au pâturage; elles donnent peu de lait.

	ACIDES VOLATILS.	INDICE de SAPONIFICATION.	TEMPÉRATURE CRITIQUE.
Beurre préparé par nous.............	4.3o	217.0	57° 1

Fabrique de Baflo. — 22 octobre, soir.

A la fabrique Hunsigo, qui reçoit le lait de vaches à l'étable depuis au moins 2 semaines, nous prenons un échantillon moyen de beurre.

	ACIDES VOLATILS.	INDICE de SAPONIFICATION.	TEMPÉRATURE CRITIQUE.
Beurre de la fabrique................	5.19	225.0	52° 2

Fabrique de Vredewold, à Groningue. — 23 octobre, matin.

Nous nous présentons à l'usine au moment de l'arrivage des voitures apportant le lait de la traite du matin. Nous prenons un échantillon moyen de ce lait, ainsi qu'un échantillon de beurre fait à la fabrique; il est prélevé au sortir de la baratte.

	ACIDES VOLATILS.	INDICE de SAPONIFICATION.	TEMPÉRATURE CRITIQUE.
Beurre préparé par nous.............	5.22	222.0	52° o
Beurre préparé par la fabrique........	4.49	217.0	54 8

PROVINCE DE BRABANT SEPTENTRIONAL.

Cette province, d'une superficie totale de 512,800 hectares, possède 122,285 hectares de prairies dont 63,291 en pâturages et 58,994 exploités pour la production du foin. La production moyenne de foin est de 2,840 kilogrammes pour la première coupe et de 1,565 kilogrammes pour la deuxième, soit 4,405 kilogrammes à l'hectare.

La population bovine comprend :

Vaches laitières......................................	111,280
Taureaux de saillie....................................	1,331
Veaux et génisses.....................................	78,864
Bœufs et vaches à l'engrais............................	8,534
Bœufs de trait..	1,573

La production du beurre est de :

	TONNES.
Beurre produit dans les fermes........................	5,263,2
Beurre produit dans les fabriques......................	1,891,8
PRODUCTION TOTALE...............................	7,155,0

Le nombre des fabriques est très élevé dans cette province, mais elles sont généralement de très peu d'importance. Ainsi, on compte 270 écrémeuses centrifuges, dont 25 seulement mues par la vapeur. Le beurre est presque toujours fait dans les fabriques. Toutes les vaches sont à l'étable.

Nous avons visité une ferme et deux fabriques :

MM. J. Stipdout et H. Blom, fermiers, près de Veldhoven. — 30 octobre.

	ACIDES VOLATILS.	INDICE de SAPONIFICATION.	TEMPÉRATURE CRITIQUE.
Beurre préparé par nous............	5.56	220.0	50° 5

Fabrique de Veldhoven. — 30 octobre.

	ACIDES VOLATILS.	INDICE de SAPONIFICATION.	TEMPÉRATURE CRITIQUE.
Beurre fabriqué le 27 octobre..........	5.50	228.0	48° 9
Beurre fabriqué le 28 octobre..........	5.78	229.0	48 2
Beurre pris le 30, au sortir de la baratte.	5.59	228.0	48 5

Fabrique de Zeelst. — 30 octobre.

	ACIDES VOLATILS.	INDICE de SAPONIFICATION.	TEMPÉRATURE CRITIQUE.
Beurre préparé par nous............	5.98	231.0	48° 75
Beurre fait à la fabrique, le 28 octobre..	5.47	226.0	49 5
Beurre pris le 30, au sortir de la baratte.	5.56	228.0	49 0

Nous réunissons dans les tableaux II et III les résultats de l'analyse des échantillons dont le détail vient d'être donné. Le tableau II comprend les beurres que nous avons faits nous-mêmes ; le tableau III, ceux que nous avons achetés dans les fermes et dans les fabriques.

Tableau II. — Analyse des beurres préparés par nous.

ORIGINE.	ACIDES VOLATILS POUR 100 EN ACIDE BUTYRIQUE.	INDICE de SAPONIFICATION.	TEMPÉRATURE CRITIQUE DE SOLUBILITÉ dans l'alcool.
M. van Leeuwen, à Delft	4.48	220.2	55°2
M. Luctigheid, à Delft..............	5.19	225.0	53 5
Comte de Limbourg, à Wassenaar.........	3.80	210.0	60 0
M. Clant, à Alfen..................	4.00	217.0	59 5
	5.00	223.0	50 2
M. Verkley, à Alfen...............	4.48	214.0	54 2
M. de Hertog, à Oudshoorn...........	4.00	217.0	56 0
M. Spaanden, à Berkhout...........	5.02	222.0	52 6
M. Braxden, à Hoogkarspel...........	5.48	223.0	52 0

ORIGINE.	ACIDES VOLATILS POUR 100 EN ACIDE BUTYRIQUE.	INDICE de SAPONIFICATION.	TEMPÉRATURE CRITIQUE DE SOLUBILITÉ dans l'alcool.
M. Keestra, à Jelsum	4.74	219.0	54°6
	5.12	224.0	50 2
M. Wassenaar, à Jelsum	4.92	221.5	54 4
M. Eekma, à Leeuwarderadel	4.96	220.0	52 0
M. Wiersma, à Roordahuizum	4.46	218.0	52 5
	5.22	222.0	50 1
M. Schaap, à Roordahuizum	5.50	228.0	49 5
Fabrique de Roordahuizum	5.14	223.0	51 8
M. Cornelissen, à Roordahuizum	5.72	228.0	51 0
Fabrique de Trynwalden	5.28	225.0	51 8
M. Riestra, à Ryperkerk	4.86	221.0	53 3
M. van den Veen, à Hardegereyp	4.80	220.0	55 0
M. Kuperus, à Marsum	4.97	223.0	53 0
	5.34	227.0	49 1
Fabrique de Marsum	5.27	225.0	50 8
M. Overdyk, à Goutum	5.08	222.0	53 2
Fabrique de Oudega	4.81	221.0	54 5
Ferme de Oudega	5.22	223.0	52 7
M. Sonsma, à Hemelum	4.77	220.0	56 5
M. van Rijs, à Hemelum	5.52	225.0	50 5
M. Cleveringa, à Winsum	4.52	217.0	55 5
M. Tapper, à Ballo	4.30	217.0	57 1
Fabrique de Wredewold	5.22	222.0	52 0
MM. Stiphout et Blom, à Veldhoven	5.06	220.0	50 5
Fabrique de Zeelst	5.98	231.0	48 7

Tableau III. — Beurres achetés chez les producteurs.

ORIGINE.	ACIDES VOLATILS POUR 100 EN ACIDE BUTYRIQUE.	INDICE de SAPONIFICATION.	TEMPÉRATURE CRITIQUE DE SOLUBILITÉ dans l'alcool.
M. van Leeuwen, à Delft	4.66	220.1	56°0
M. Lugtigheid, à Delft	4.51	218.0	56 0
Comte de Limbourg, à Wassenaar	3.81	211.0	59 7
M. Verkley, à Alfen	4.76	214.0	55 0
M. Wiersma, à Roordahuizum	5.09	220.0	52 0
Fabrique de Roordahuizum	4.58	220.0	53 5
M. Cornelissen, à Roordahuizum	5.13	220.0	53 5
Fabrique de Trynwalden	4.95	220.0	52 7
	4.48	219.0	52 5
Fabrique de Marsum	5.34	225.0	50 0
Fabrique de Oudega	4.77	221.0	54 0
Fabrique de Hemelum	5.10	221.0	54 2
Fabrique de Ballo	5.19	225.0	52 2
Fabrique de Vredewold	4.49	217.0	54 8
Fabrique de Veldhoven	5.50	223.0	48 9
	5.78	229.0	48 2
	5.59	228.0	48 5
Fabrique de Zeelst	5.47	226.0	49 5
	5.56	228.0	49 0

Notre mission aurait été incomplète si nous nous étions limités dans nos recherches à l'analyse des échantillons que nous avons préparés nous-mêmes.

Les beurres que nous avons faits sur place proviennent, en majeure partie, de vaches encore au pâturage et vivant dans des conditions d'hygiène tout à fait défectueuses.

Ils ne représentent pas la composition moyenne des beurres néerlandais susceptibles d'être exportés, car ceux-ci proviennent surtout des usines, où le lait des vaches au pâturage et celui des vaches à l'étable sont mélangés avant l'écrémage.

Nous avons donc cherché à nous rendre compte de la composition moyenne des beurres d'exportation, à l'époque critique où nous nous trouvions en Hollande, en prélevant des échantillons de beurre chez les fermiers, dans les fabriques et sur les grands marchés.

Nous avons donné la composition des échantillons prélevés chez les fermiers et dans les fabriques. Le tableau IV suivant indique les résultats des analyses des beurres que nous avons achetés sur trois des plus grands marchés des Pays-Bas : Leyden, Leeuwarden et Eindhoven.

Nous sommes arrivés à Leeuwarden le jour même du grand marché de beurres qui s'y tient, toutes les semaines, mais trop tard dans la soirée, pour que nous ayons pu assister à la vente. Cependant, le lendemain, nous nous sommes rendus à la gare des marchandises de cette ville et nous avons prélevé de nombreux échantillons dans les wagons, où des lots très importants provenant du marché de la veille allaient être expédiés dans diverses directions, en Angleterre, en Belgique, en France, etc.

TABLEAU IV. — BEURRES ACHETÉS SUR LES MARCHÉS.

ORIGINE.	ACIDES VOLATILS POUR 100 EN ACIDE BUTYRIQUE.	INDICE de SAPONIFICATION.	TEMPÉRATURE CRITIQUE DE SOLUBILITÉ dans l'alcool.
MARCHÉ DE LEYDEN (Hollande méridionale).			
Vlaardengen	4.94	220.0	54°7
Alkemade	4.73	221.0	56 7
Nordhuytkerhout	4.73	221.0	55 5
Rozemburg	5.05	224.0	53 1
MARCHÉ DE LEEUWARDEN (Frise).			
Wommels	5.31	222.0	52 0
Opeinde	5.03	220.0	46 9
Marsum	4.93	225.0	48 5
Virdum	5.35	223.0	49 5
Koostertille	4.73	222.0	51 7
Oosterend	5.10	224.0	51 1
Veenwouden	5.02	223.0	51 5
Ooterterp	4.73	220.0	52 5
Marrum	5.41	228.0	48 2
Boornzeeweg	5.01	220.0	50 6
Bettenvird	4.88	223.0	52 0

ORIGINE.	ACIDES VOLATILS POUR 100 EN ACIDE BUTYRIQUE.	INDICE de SAPONIFICATION.	TEMPÉRATURE CRITIQUE DE SOLIDILITÉ dans l'alcool.
MARCHÉ D'EINDHOVEN (Brabant).			
Virtum...............................	5.40	228.0	49°0
Oesterwyk...........................	5.38	227.0	49 5
Oesterhoven.........................	5.76	228.0	48 2
Lieshout.............................	5.74	227.0	50 5
Steensel.............................	5.54	229.0	46 7
Ulicoten.............................	5.41	228.0	49 0

L'ensemble de ces résultats nous montre que les assertions des chimistes hollandais, en ce qui concerne la composition des beurres de leur pays, sont exactes.

Mais ces assertions ont été fort mal interprétées en France, où elles furent à dessein exagérées et généralisées, dans le but de rendre presque impossible la répression de la fraude. C'est ainsi que certains marchands peu scrupuleux ont pu profiter du trouble jeté dans la conscience des magistrats pour vendre sous la dénomination de beurres hollandais des produits fortement margarinés.

Depuis près de deux ans, on a cherché par tous les moyens possibles à persuader les tribunaux, les experts et le public qui s'intéresse à cette question, que les anomalies de composition signalées par les travaux des chimistes hollandais sont, d'une façon générale, applicables à tous les beurres d'origine hollandaise, et cela pendant toute l'année.

Il importe de réagir contre cette tendance et de remettre les choses au point.

Nous ferons remarquer d'abord que les chimistes hollandais eux-mêmes n'ont jamais prétendu que cet abaissement de la composition des beurres de leur pays fût général.

Dans leurs rapports officiels, ils spécifient nettement que ce n'est que pendant une partie du mois de septembre, le mois d'octobre et une partie du mois de novembre qu'on trouve dans leur pays des beurres anormaux; dès que les vaches sont rentrées à l'étable, la composition des beurres remonte rapidement jusqu'au taux normal d'acides volatils, où elle se maintient jusqu'au mois de septembre suivant. D'ailleurs, ils reconnaissent également que, même pendant l'époque envisagée plus haut, beaucoup de leurs beurres ont une composition normale.

On ne saurait donc trop insister sur ces faits que :

1° La composition des beurres hollandais ne diffère de celle des beurres français que pendant une période d'environ deux à trois mois ;

2° Même pendant cette période, beaucoup de beurres des Pays-Bas ont une composition normale.

CAUSES QUI FONT BAISSER LA TENEUR EN ACIDES VOLATILS DES BEURRES D'AUTOMNE.

Les nombreuses observations que nous avons faites au cours de notre mission nous ont permis d'établir les causes de cet abaissement de la teneur des beurres en acides volatils et de montrer qu'il est dû aux conditions d'existence des animaux pendant cette période.

A ce moment, les vaches restent encore jour et nuit au pâturage, souffrant du froid et de l'humidité, en même temps qu'elles ne trouvent dans les prairies qu'une nourriture à peine suffisante pour constituer leur ration d'entretien et trop maigre pour leur permettre de supporter les intempéries et de fournir un lait dont la matière grasse soit riche en acides volatils.

Nous avons eu l'occasion de trouver, au cours de nos pérégrinations, un certain nombre d'exploitations dans lesquelles une partie du troupeau était encore au pâturage, alors que l'autre partie, en raison de la rareté de l'herbe, avait dû, depuis plusieurs jours, être rentrée à l'étable, où elle recevait l'alimentation d'hiver.

Nous avons pu ainsi étudier l'influence de l'alimentation, en fabriquant du beurre comparativement avec le lait des vaches au pâturage et avec celui des vaches à l'étable.

Les vaches à l'étable recevaient, dans les quatre exploitations où nous avons pu faire ces essais comparatifs, une nourriture abondante composée de foin, de tourteaux de lin et de graines concassées, telles que maïs, féveroles, etc... Elles étaient soumises à ce régime depuis environ quinze jours au moment où nous les avons fait traire.

Voici les résultats que nous a donnés l'analyse de ces beurres :

		ACIDES VOLATILS.	INDICE de SAPONIFICATION.	TEMPÉRATURE CRITIQUE.
M. Glant à Alfen a. d. Rijn (Hollande méridionale).	Vaches au pâturage.	4.08	217.0	59° 5
	Vaches à l'étable ..	5.00	223.0	50 25
M. R. Keestra, à Jelsum (Frise).	Vaches au pâturage.	4.74	219.0	54 6
	Vaches à l'étable...	5.12	224.0	50 25
M. Wiersma, à Roordahuizum (Frise).	Vaches au pâturage.	4.46	218.0	52 5
	Vaches à l'étable...	5.22	222.0	50 1
M. Kupenus, à Marsum (Frise).	Vaches au pâturage.	4.97	223.0	53 0
	Vaches à l'étable...	5.34	227.0	49 1

Bien que les lots de vaches à l'étable n'aient quitté les pâturages que depuis deux semaines, la proportion des acides volatils des beurres qu'ils fournissent s'est déjà beaucoup relevée, et il y a tout lieu de penser qu'elle n'aurait pas tardé à atteindre un taux normal, comme les chimistes néerlandais l'ont déjà observé.

Dans chacun des quatre exemples ci-dessus, nous voyons deux lots de vaches appartenant au même troupeau, de même race, de même âge, mais qui ne sont pas soumis aux mêmes conditions d'hygiène et d'alimentation et qui fournissent au même moment des beurres dont la composition est très différente. Le premier lot, encore au pâturage, souffre du froid, de l'humidité et d'une insuffisance de nourriture; il donne des beurres très pauvres en acides volatils. Le second lot, en tous points comparable au premier, mais qui, depuis trois semaines seulement, vit à l'étable, à l'abri des intempéries et y reçoit une nourriture plus abondante, donne des beurres beaucoup plus riches en acides volatils et se rapprochant sensiblement des beurres normaux.

On est donc en droit d'attribuer aux mauvaises conditions d'hygiène et d'alimentation l'abaissement du taux d'acides volatils constaté dans certains beurres hollandais, et on peut affirmer que, si toutes les vaches étaient rentrées à l'étable et nourries convenablement dès que le climat devient trop rigoureux et les pâturages trop maigres, on ne constaterait pas les anomalies de composition qui ont fait l'objet de cette étude.

En effet, dans la province de Brabant, où il est d'usage de rentrer les vaches de très bonne heure avant les premiers froids et où elles reçoivent une copieuse nourriture, nous n'avons trouvé aucun beurre que le chimiste expert aurait pu déclarer fraudé ; sur treize échantillons, un seul aurait paru douteux.

CONCLUSIONS.

1. Certains beurres néerlandais présentent, aux mois d'octobre et novembre, une composition qui les éloigne sensiblement des beurres français et les rapproche des beurres margarinés.

2. Ce fait ne se produit qu'à une époque de l'année bien déterminée, soit environ deux mois et demi (15 septembre-fin novembre).

3. On aurait tort, comme certains intéressés ont une tendance à le faire, de généraliser ce fait et de l'étendre à toute la production beurrière des Pays-Bas; on trouve en effet, dans ce pays, même à cette époque de l'année, un grand nombre de beurres qui présentent une composition normale.

4. L'abaissement de la richesse en acides volatils de certains beurres est dû aux conditions défectueuses d'existence où se trouvent les vaches aux pâturages, à une époque où elles souffrent du froid et de l'humidité, en même temps qu'elles ont une alimentation insuffisante.

Il ressort de l'ensemble de nos observations que les beurres hollandais pourraient présenter toute l'année une composition normale, si les troupeaux étaient, dès les premiers froids, rentrés à l'étable, où ils seraient à l'abri des intempéries et nourris d'une façon plus convenable.

5. Les conditions défectueuses dans lesquelles vivent les vaches à l'époque où elles fournissent des beurres pauvres en acides volatils nous donnent le droit de considérer ces produits comme *anormaux*.

En effet, si le chimiste expert, en présence d'un beurre pauvre en acides volatils, d'origine hollandaise et fabriqué pendant les mois en litige, ne peut en conscience affirmer que ce produit a été fraudé par addition de margarine, il a, en revanche, le devoir de déclarer que c'est là un *beurre anormal*. Il a même le droit, en le comparant aux beurres de notre pays, de dire que, pour la France, *ce beurre n'est pas un produit marchand*.

ÉTUDE

SUR

LES CONDITIONS DE LA PRODUCTION DU BEURRE

DANS LES PAYS-BAS.

Nous croyons intéressant d'annexer à notre rapport de mission sur la composition des beurres des Pays-Bas un aperçu sur la production du beurre dans ce pays, d'après les renseignements qu'a bien voulu nous communiquer M. Venema, chef du bureau de la statistique d'agronomie au Ministère de l'intérieur à la Haye; nous lui adressons ici nos sincères remerciements pour les documents qu'il nous a fournis.

Au lieu d'étudier les conditions de la production du beurre par provinces, c'est-à-dire par divisions administratives, nous les envisagerons dans les divers systèmes de culture correspondant aux différentes natures de sol qu'on y rencontre.

On distingue en Hollande les principaux terrains suivants :

1° Les terrains tourbeux (terrains tourbeux bas et terrains tourbeux élevés);

2° Les terrains sablonneux (diluviens et alluviaux);

3° Les terrains argileux (de mer et de rivière).

Sur les premiers, l'élevage du bétail domine; sur les terrains sablonneux et argileux, il a une importance moindre, on s'y occupe spécialement de cultures.

Cependant, il convient de dire qu'il existe des exceptions à cette règle; c'est ainsi que dans l'angle occidental de la Frise, de même qu'en Overysel, à l'embouchure de l'Ysel, on fait exclusivement l'élevage sur l'argile de mer; dans la Hollande méridionale et dans le Nord-Brabant, une grande partie de la région d'élevage est située sur l'argile de rivière.

Nous allons passer successivement en revue l'élevage dans ces diverses formations.

I. — Terrains tourbeux.

La tourbe a une épaisseur inégale, qui est d'environ 3 à 4 mètres, en moyenne, dans la Hollande septentrionale et dans la Hollande méridionale, mais qui ne dépasse guère plus de 2 mètres dans les provinces de Groningue, de Frise et d'Overysel.

En général, les terrains tourbeux bas ne sont pas recouverts de terre, si ce n'est à proximité des grandes rivières, où ils le sont d'une couche d'argile; dans le voisinage des dunes ou des sables mouvants, c'est une couche de sable qui est superposée à la tourbe.

Les formations sur lesquelles repose la tourbe sont différentes suivant les régions; c'est du sable diluvien dans les provinces de Groningue, de Frise, d'Overysel, d'Utrecht, dans la partie méridionale de la Nord-Hollande, dans le Krimpenerwaard, l'Alblasserwaard, dans la Hollande méridionale, et aux environs de Langstraat dans le Nord-Brabant. Elle repose sur l'argile, déposée par de l'eau saumâtre, dans la Nord-Hollande, en Waterland. autour des desséchements du Schermer, du Beemster et du Purmer, aux environs d'Amsterdam, presque jusqu'à Abkoude et dans la Hollande méridionale jusqu'à la latitude de Wœrden.

Le tableau suivant indique les surfaces qu'occupe, en terrains tourbeux, l'élevage du bétail :

PROVINCES.	TERRES LABOURABLES.			PRÉS ET PRAIRIES FAUCHABLES.			PROPORTION de PRÉS p. 100 de terres labourables et prés réunis.	PRAIRIES FAUCHABLES.	PROPORTION de PRAIRIES fauchables par rapport au total des prés et prairies fauchables réunis.
	SUPERFICIE		PROPORTION p. 100 en TERRAINS tourbeux.	SUPERFICIE		PROPORTION p. 100 en TERRAINS tourbeux.			
	TOTALE.	en TERRAINS tourbeux.		TOTALE.	en TERRAINS tourbeux.				
Groningue................	124,543	1,190	0.7	61,912	4,643	7.5	80.56	2,559	55.1
Frise (argile)............	47,010	3,167	6.7	207,287	52,947	25.5	94.36	18,667	35.3
Frise (tourbe)...........	47,010	692	1.5	207,287	44,430	21.5	98.46	25,399	57.2
Drenthe.................	40,501	139	0.3	67,837	3,159	4.7	95.79	2,011	63.6
Overysel	60,212	2,439	4.1	126,322	37,425	29.6	93.88	20,597	55.0
Utrecht.................	19,774	1,343	6.8	70,222	30,666	43.7	95.80	13,905	45.3
Nord-Hollande	41,189	11,861	28.8	154,140	85,586	55.5	87.83	34,405	40.2
Sud-Hollande	64,747	4,923	7.6	163,245	94,199	57.7	95.03	38,886	41.4
Nord-Brabant	148,304	1,785	1.2	122,285	12,118	9.9	87.16	8,818	72.8
TOTAUX OU MOYENNES pour les Pays-Bas........	864,137	27,469	3.3	1,185,568	365,173	30.8	93.00	165,247	45.3

On voit que la superficie occupée par les terres labourables et les prés est de 392,642 hectares, dont 365,173 hectares de prés, soit 93 p. 100.

La proportion des prés varie, d'ailleurs, suivant les provinces, de 80.56 p. 100 (Groningue) à 98.46 p. 100 (Frise).

Sur les 365,173 hectares de prés et de prairies fauchables, ces dernières entrent pour 165,247 hectares, soit 45.3 p. 100.

On ne cultive presque pas de fourrages comme récolte principale; on rencontre très peu de prairies artificielles; soit, y compris les terres hors des digues, 4,599 hectares ou 12 p. 100 des terres labourables et des prés.

Le foin qu'on récolte est, en partie, exporté dans certaines régions des Pays-Bas et à l'étranger.

Les foins récoltés dans les contrées d'élevage de l'Overysel et du Nord-Brabant sont particulièrement appréciés. On envoie aussi dans les régions sablonneuses beaucoup de foin récolté dans la contrée d'élevage de la Groningue et de la Frise (sur terrains tourbeux). Le foin de l'Overysel est connu sous le nom de foin de l'île de

Kampen; celui du Brabant septentrional, également très recherché, l'est sous le nom de foin du Langstraat.

Le fourrage du Bieschbosch) Nord-Brabant) est aussi d'excellente qualité, si la fauchaison a eu lieu dans de bonnes conditions et si le regain n'a pas été submergé à la suite d'une inondation ou d'une haute marée.

Parmi les régions d'élevage en terrains tourbeux, on rencontre surtout les terres basses avoisinant les lacs Foschol, de Zuidlaren et de Leck et les lacs de la Frise; l'herbe qu'on y récolte est presque toujours de qualité médiocre. Là on ne saurait faire paître le bétail, qui y souffrirait bientôt de la fièvre aphteuse et où il risquerait en outre de s'enfoncer dans ces parties marécageuses. Aussi ces terrains sont–ils fauchés et le produit en est exporté presque en totalité dans les contrées où l'agriculture domine, c'est-à-dire dans les terrains sablonneux diluviens de la Frise, de la Drenthe et même dans l'Overysel; il n'y est d'ailleurs donné qu'associé au seigle, à la farine de lin, aux tourteaux de lin, de navette, de coton et d'arachide.

Lorsque d'ailleurs ce foin des parties basses est donné au bétail dans les contrées d'élevage, il ne l'est qu'en faible proportion et ne sert qu'à compléter une nourriture plus substantielle de farine et de tourteaux.

En Drenthe, où la surface des prairies fauchables est bien supérieure à celle des prés, la grande quantité de foin récolté est consommée dans les environs, et quoique produit par des terrains très bas, ce foin y est de meilleure qualité que celui dont nous venons de parler. Mais à l'exception de ces terrains avoisinant les lacs, le foin récolté dans les autres régions tourbeuses est généralement de bonne qualité.

Voici maintenant, concernant le bétail, quelques documents statistiques que nous extrayons des tableaux très complets qui nous ont été communiqués par M. Venema et qui n'auraient pu trouver place ici :

PROVINCES.	NOMBRE DE TÊTES DE BÉTAIL EN TERRAINS TOURBEUX.				
	TAUREAUX.	VACHES LAITIÈRES et génisses.	VEAUX et JEUNE BÉTAIL.	BÊTES à L'ENGRAIS.	GROS BÉTAIL ENSEMBLE.
Groningue (tourbe basse)....	225	5,266	3,887	180	9,558
Frise (argile de mer).......	784	45,740	15,347	242	62,113
Frise (tourbe basse)........	876	30,786	16,510	257	48 429
Drenthe.	22	1,704	1,172	40	2,938
Overysel (tourbe basse et argile).	471	19,510	12,899	230	33,110
Utrecht (tourbe basse)......	801	30,768	12,069	463	44,101
Nord-Hollande (tourbe basse).	1,053	68,146	24,316	4,094	97,609
Sud-Hollande (tourbe basse)..	1,594	95,591	26,415	9,039	132,639
Nord-Brabant (tourbe basse). .	56	3,735	3,736	233	7,767
Totaux.........	5,882	301,246 [1]	116,351	14,778	438,264 [2]

[1] Soit les 39.7 p. 100 des Pays-Bas. — [2] Soit les 27,1 p. 100 des Pays-Bas.

Pour 1,000 hectares de terres labourables et prés, il y a 1,116 têtes de gros bétail, dont 767 vaches laitières.

Pour 1,000 hectares de prés, il y a 1,200 têtes de gros bétail, dont 825 vaches laitières.

Les documents suivants concernent la production du beurre :

PROVINCES.	NOMBRE des FABRIQUES.	PRODUCTION DU BEURRE			PRODUCTION DE BEURRE par VACHE LAITIÈRE.
		dans LES FERMES.	dans LES FABRIQUES.	TOTAL.	
		kilogrammes.	kilogrammes.	kilogrammes.	kilogrammes.
Groningue.............	6	192,668	85,391	278,059	52.8
Frise.................	22	1,588,591	2,188,458	3,777,049	82.6
Idem................	22	1,024,171	1,619,584	2,643,755	85.9
Drenthe..............	2	57,000	67,350	124,350	72.9
Overysel.............	8	1,319,668	439,392	1,759,060	90.2
Utrecht..............	4	218,447	89,403	307,850	10.0
Nord-Hollande........	11	719,182	161,782	880,964	12.9
Sud-Hollande.........	19	1,885,608	345,947	2,231,555	23.3
Nord-Brabant.........	3	161,380	12,729	174,109	46.6
Totaux.........	97	7,166,715	5,010,036	12,176,751	40.4

Si l'on tient compte, d'une part, de la quantité de beurre produite et, d'autre part, du nombre des vaches laitières, donnés dans les deux tableaux qui précèdent, on voit que la production du beurre par vache varie sensiblement, soit de 10 kilogrammes à 90 kilogr. 2 comme l'indiquent d'ailleurs les chiffres de la dernière colonne du tableau précédent.

Ces chiffres montrent que le lait n'est principalement destiné à la fabrication du beurre que dans les provinces de la Frise, de la Drenthe et de l'Overysel.

Le faible rendement qu'on observe en Groningue dans la contrée d'élevage provient de ce que la ville de Groningue s'approvisionne précisément de lait dans cette contrée d'élevage.

Quant à la province d'Utrecht, dans laquelle une vache ne produit que 10 kilogrammes de beurre, la cause de cette faible production tient à la fabrication des fromages.

Dans les provinces de Hollande septentrionale et méridionale, elle tient à la fois à la fabrication des fromages et à la consommation du lait dans les villes d'Amsterdam et de Harlem d'une part, qui comptent ensemble 577,090 habitants et qui sont alimentées presque exclusivement par des communes situées en terrains tourbeux, et, d'autre part, des villes de la Haye, Rotterdam, Delft, Dordrecht, Leyde, Schiedam et Gouda (Hollande méridionale) qui comptent 687,000 habitants; ces communes, à l'exception de Dordrecht et d'une partie de Rotterdam, consomment presque entièrement le lait qui leur est nécessaire et qui provient des terrains que nous envisageons.

Amsterdam seule consomme, par an, environ 65 millions de litres de lait; la Haye et Rotterdam 59 millions, soit environ 125 litres de lait par habitant et par an. Amsterdam est alimenté principalement par les communes de Sloten (14 millions de litres), Nieuwer-Amstel (9 millions de litres), Haarlemmermeer (7 millions de litres), Landsmeer (3,500,000 litres), Diemen (3,700,000 litres), Ouder-Amstel (4,500,000 litres) et Nieuwendam (3 millions de litres) et par une vingtaine d'autres communes.

Un trop grand nombre de communes contribue à alimenter la Haye et Rotterdam pour qu'on puisse attribuer à telle ou telle commune la principale livraison.

A la campagne, on ne consomme guère que 80 à 100 litres de lait par habitant et par an. Dans les villes d'Amsterdam, la Haye, Rotterdam on en consomme sensiblement plus; cela provient de la grande affluence d'étrangers et de l'importance de la navigation.

Voici d'ailleurs quelle a été l'utilisation du lait en 1897 dans les Pays-Bas :

Pour la fabrication	du beurre et du fromage dans les fermes.........	1,443,137,000 litres.
	du beurre et du fromage dans les fabriques.......	620,389,000
	des margarines...........................	61,270,000
Pour	l'élevage et l'engraissement des veaux...........	80,568,000
	la consommation des habitants (y compris le lait stérilisé, condensé, etc.)...................	485,100,000
	Total....................	2,690,464,000

Cette production de lait a correspondu à 2,875 litres par vache laitière, chiffre inférieur à celui des autres années, en raison de diverses maladies qui avaient sévi particulièrement cette année-là sur le bétail.

II. — Terrains sablonneux.

On pratique sur les terrains sablonneux la culture extensive et la culture intensive.

Les terrains sablonneux diluviens sont généralement réservés au système tertiaire et à la culture du seigle de la Twente en Overysel; on y pratique également la culture intensive, dite *culture flamande*.

Sur les sables alluviaux, on fait la culture de bruyères et, sur les terrains déblayés de leur tourbe, la culture par rangs.

Culture extensive. — Voici les documents qui la concernent :

PROVINCES.	TERRES LABOURABLES.			PRÉS ET PRAIRIES FAUCHABLES.			PROPORTION de prés p. 100 de terres labourables et prés réunis.	PRAIRIES FAUCHABLES.	PROPORTION de PRAIRIES fauchables par rapport au total des prés et prairies fauchables réunis.
	SUPERFICIES		PROPORTION	SUPERFICIES		PROPORTION			
	TOTALE.	en TERRAINS sablonneux.	P. 100 en TERRAINS sablonneux.	TOTALE.	en TERRAINS sablonneux.	P. 100 en TERRAINS sablonneux.			
Groningue..............	124,543	25,295	20.3	61,912	24,649	39.8	49.35	10,450	42.39
Frise................	47,010	17,060	36.1	207,287	78,708	38.0	82.19	41,123	52.24
Drenthe..............	40,501	40,362	99.7	67,837	64,678	95.6	61.57	30,767	47.57
Overysel.............	60,211	32,996	54.8	126,322	65,880	52.2	66.63	31,784	48.25
Gueldre..............	120,919	70,902	58.6	152,548	68,480	44.9	49.13	28,704	41.92
Utrecht..............	19,774	11,439	57.8	70,222	18,648	26.6	61.98	8,867	47.55
Nord-Hollande.........	41,189	1,990	4.8	154,140	2,280	1.5	54.46	495	20.80
Nord-Brabant..........	148,304	57,776	38.8	122,285	37,294	30.5	39.23	20,335	54.53
Limbourg.............	89,504	44,189	49.4	24,611	16,241	66.0	26.87	8,524	52.48
Totaux et moyennes pour les Pays-Bas........	864,137	302,009	34.9	1,185,568	376,958	31.8	55.5	181,049	48.03
Overysel (seigle de la Twente).	60,211	21,390	35.5	126,322	16,514	13.1	43.6	8,748	52.97

Les documents qui ont trait au bétail sont les suivants :

PROVINCES.	SYSTÈME.	NOMBRE DE TÊTES DE BÉTAIL EN TERRAINS SABLONNEUX.				
		TAU-REAUX.	VACHES laitières et GÉNISSES.	VEAUX et jeune BÉTAIL.	BÊTES à L'ENGRAIS.	Gros BÉTAIL ENSEMBLE.
Groningue..................	Tertiaire (terrains sablonneux diluviens).	251	12,101	10,844	301	23,497
Frise.....................		712	44,328	30,630	1,232	77,490
Drenthe...................		1,468	39,345	28,577	951	69,417
Overysel..................		689	41,080	22,838	1,419	66,507
Gueldre...................		1,335	62,141	40,506	3,561	108,332
Utrecht...................		216	12,361	9,617	793	22,993
Nord-Hollande.............		21	2,401	714	169	3,305
Nord-Brabant..............		271	44,850	22,771	2,063	70,838
Limbourg..................		232	26,709	12,576	1,614	41,750
ENSEMBLE.....................		4,754	285,316	179,073	12,103	484,129
Overysel..................	Seigle de la Twente.	317	20,303	8,353	1,406	30,561
ENSEMBLE.....................		5,071	305,619	187,426	13,509	514,690

Pour 1,000 hectares de terres labourables et de prés on élève 718 têtes de gros bétail, dont 426 vaches laitières et, sur 1,000 hectares de prés, 1,308 têtes de gros bétail dont 777 vaches laitières.

On voit qu'on élève dans ces terrains sablonneux 1,308 têtes de gros bétail sur 1,000 hectares de prés, alors qu'on n'en élève que 1,200 dans les contrées d'élevage que nous avons précédemment examinées.

Cela tient à diverses causes : à la qualité exceptionnelle des prés et à la grande quantité de fourrages, à l'alimentation très forte des animaux; ceux-ci sont, dans certaines contrées, rentrés à l'étable pendant la nuit.

Les terrains bas situés sur cette formation sablonneuse constituent des prés. Ils sont fréquemment recouverts d'une couche de tourbe de marais, principalement dans les bassins des rivières et ruisseaux de la formation sablonneuse de la Drenthe, de l'Overysel, de la Gueldre et du Nord-Brabant. Elle donne d'excellentes prairies, grâce aux engrais et au mélange de terre et de sable.

Cependant, en Overysel et dans la division Zutfen, en Gueldre, on rencontre, le long de rivières qui prennent leur source dans des contrées argileuses, non de la tourbe de marais, mais de l'argile déposée à la suite des crues.

Quoi qu'il en soit, les terrains sablonneux donnent lieu à des prés et à des prairies fauchables d'excellente qualité, surtout quand leur situation leur permet d'être submergés par les rivières; les terrains plus élevés ne sont pas généralement submergés et sont moins favorisés; on y emploie, en outre, de moindres quantités d'engrais.

La culture s'est pourtant améliorée depuis que le seigle et le sarrasin ont baissé de prix et sont donnés au bétail, en même temps que des aliments concentrés, auxquels on n'avait pas recours il y a une quinzaine d'années; les plantes fourragères occupent d'ailleurs une surface de 18,140 hectares de récolte principale et de 69,442 comme deuxième récolte ou regain.

Par la nourriture plus substantielle donnée aux animaux, le fumier lui-même est devenu plus riche; d'autre part, l'emploi multiple des engrais fabriqués ne devrait pas être exclusivement réservé aux terres labourables, mais s'étendre aussi aux prés.

Le bétail est la principale source de revenus sur les terrains sablonneux diluviens. Le nombre des petits fermages y étant considérable et chaque fermier n'élevant que peu de bétail, on recourt à la coopération pour la fabrication du beurre. La proportion des fabriques coopératives est de 73.4 p. 100 sur les terrains sablonneux. Aussi le beurre est-il beaucoup plus apprécié qu'autrefois, alors que chaque fermier faisait son beurre avec du lait déjà vieux de plusieurs jours et dans des conditions défectueuses. Le prix du beurre est plus élevé quand celui-ci provient des fabriques, comme il est facile de s'en rendre compte sur les marchés d'Eindhoven et de Maestricht.

Les documents qui concernent la production du beurre en terrains sablonneux diluviens soumis à la culture extensive sont résumés dans le tableau suivant :

| PROVINCES. | NOMBRE de FABRIQUES. | PRODUCTION DU BEURRE | | | PRODUCTION du BEURRE par VACHE LAITIÈRE. |
		dans les FERMES.	dans les FABRIQUES.	TOTAL.	
		kilogrammes.	kilogrammes.	kilogrammes.	kilogrammes.
Groningue..................	8	445,635	176,005	621,640	51 3
Frise......................	37	1,165,055	2,038,869	3,303,924	72 3
Drenthe...................	72	1,148,013	1,518,140	3,066,153	77 9
Overysel..................	28	1,677,274	833,073	2,510,347	59 0
Gueldre...................	44	2,536,101	1,116,440	3,652,541	58 8
Utrecht...................	//	468,626	//	468,626	37 7
Nord-Hollande.............	//	54,100	//	54,100	22 5
Nord-Brabant.............	112	1,769,103	1,429,947	3,199,050	71 3
Limbourg..................	106	997,717	1,205,086	2,204,803	82 5
Total.............	407	10,263,624	8,717,560	18,981,184	66 5
Overysel..................	23	552,889	559,641	1,112,530	54 7
Total.............	430	10,816,513	9,577,201	20,093,714	65 7

Le rendement en lait par vache est relativement peu élevé sur les terrains sablonneux diluviens d'élevage. Cependant il est plus grand qu'on pourrait le croire au premier abord; cela tient, d'une part, à ce qu'on y fait très peu de fromages (sauf dans les provinces d'Utrecht, de Nord-Hollande et de la Hollande méridionale) et, d'autre part, à ce que le nombre de chèvres ou de brebis laitières est plus grand qu'en aucune autre contrée et satisfait aux besoins de la consommation.

Ce qui tend à abaisser la production du beurre, c'est le grand nombre de veaux gras et la faible production du lait sur les terrains sablonneux élevés de l'Overysel et de la Gueldre, où le bétail est relativement maigre. En Groningue, enfin, on vend beaucoup de génisses dès la première ou la deuxième année, les vaches n'y sont donc pas toutes en pleine secrétion. De plus, la variété qu'on élève sur ces terrains n'est pas très laitière, bien qu'elle ait été déjà sensiblement améliorée.

On a employé à l'élevage et à l'engraissement des veaux, en 1897, sur les terrains sablonneux diluviens des diverses provinces, 38,600,000 litres de lait ou 47.9 p. 100 de la quantité totale des Pays-Bas utilisée à cet effet.

Si l'on examine les chiffres qui concernent le nombre de vaches laitières et ceux qui se rapportent à la production du beurre, on voit qu'en moyenne une vache produit, par an, 65 kilogr. 7 de beurre. Le lait est presque exclusivement réservé à la fabrication du beurre dans les provinces de Frise, de Drenthe, de Nord-Brabant et de Limbourg.

Culture intensive. — Nous dirons tout d'abord que dans la culture intensive, les prés sont généralement cultivés d'une façon intermittente, tandis que, dans la culture extensive que nous venons d'examiner, les prés étaient permanents.

Néanmoins, la proportion des terres cultivables aux prés reste à peu près stationnaire, car d'une année à l'autre la différence est faible, quant au nombre, entre les prés retournés et les terres labourables transformées en prairies.

Les documents suivants concernent la culture intensive :

PROVINCES.	TERRES LABOURABLES.			PRÉS ET PRAIRIES FAUCHABLES.			PROPORTION de PRÉS p. 100 de terres labourables et prés réunis.	PRAIRIES FAUCHABLES.	PROPORTION de PRAIRIES fauchables par rapport au total des prés et prairies fauchables réunis.
	SUPERFICIES		PROPORTION p. 100 en TERRAINS sablonneux.	SUPERFICIES		PROPORTION p. 100 en TERRAINS sablonneux.			
	TOTALE.	en TERRAINS sablonneux.		TOTALE.	en TERRAINS sablonneux.				
Zélande (culture flamande)	107,435	5,382	5 0	35,159	890	2.5	14.19	142	15.96
Nord-Brabant (culture flam.)	148,304	59,693	40.2	122,285	40,470	33.1	40.44	17,863	44.13
Ensemble (Pays-Bas).	864,137	65,005	7.5	1,185,568	41,368	3.5	38.90	18,005	43.52
Nord–Hollande (culture de bruyères)...	41,189	2,116	5.1	154,140	16,361	10.6	88.55	8,555	52.29
Hollande méridionale (culture de bruyères).......	64,747	5,977	9.2	153,245	12,194	7.5	67.11	4,524	37.10
Ensemble (Pays-Bas).	864,137	8,093	0.9	1,185,568	28,555	2.4	77.90	13,079	45.80
Groningue (culture par rangées)...............	125,543	16,758	13.5	61,912	3,381	5.5	16.18	1,111	32.86

Au total, la culture intensive comprend 163,160 hectares de terres labourables et de prés, dont 73,304 hectares, soit 44.9 p. 100 de prés. De ceux-ci on fanc en moyenne 32,195 hectares, soit 43.9 p. 100.

Les documents qui concernent le bétail sont résumés ci-dessous, abstraction faite, comme dans les tableaux précédents, des bœufs et vaches de trait :

PROVINCES.	NOMBRE DE TÊTES DE BÉTAIL EN TERRAINS SABLONNEUX.				
	TAUREAUX.	VACHES laitières et GÉNISSES.	VEAUX et JEUNE BÉTAIL.	BÊTES à L'ENGRAIS.	GROS BÉTAIL ENSEMBLE.
Zélande (culture flamande)...	79	1,269	1,696	199	3,352
Nord-Brabant (culture flamande)	635	48,076	30,936	3,389	83,681
Ensemble	714	49,345	32,632	3,588	87,033
Nord-Hollande (culture de bruyères)...............	142	11,673	3,945	112	15,872
Hollande méridionale (culture de bruyères)	354	11,919	5,017	175	17,465
Ensemble	496	23,592	8,962	287	33,337
Groningue (culture par rangées).	115	5,309	3,229	1,392	10,045
Total (culture intensive).	1,325	78,246	45,823	5,267	130,415

Il y a donc, par 1,000 hectares de terres labourables et de prés, 800 têtes de gros bétail, dont 480 vaches laitières, et, par 1,000 hectares de prés, 1,779 têtes de gros bétail et 1,067 vaches laitières.

Les documents suivants se rapportent à la production du beurre :

PROVINCES.	NOMBRE de FABRIQUES.	PRODUCTION DU BEURRE			PRODUCTION DE BEURRE par VACHE LAITIÈRE.
		dans LES FERMES.	dans LES FABRIQUES.	TOTAL.	
		kilogrammes.	kilogrammes.	kilogrammes.	kilogrammes.
Zélande (culture flamande).....	//	102,325	//	102,325	80.6
Nord-Brabant (culture flamande).	23	2,353,256	428,174	2,781,430	57.8
Ensemble..............	23	2,455,581	428,174	2,883,755	58.5
Nord-Hollande (culture de bruyères)	//	98,700	//	98,700	8.45
Hollande méridionale (culture de bruyères).	1	317,382	35,535	352,917	29.6
Ensemble..............	1	416,082	35,535	451,617	19.2
Groningue (culture par rangées)..	5	250,060	61,560	311,620	58.7
Ensemble (culture intensive).	29	3,121,723	525,269	3,646,992	46.6

La culture intensive est faite dans la baronie de Bréda, le Markiezaat, dans le nord du Meÿery, dans le Nord-Brabant, les limites de l'ouest et de l'est des Flandres zélandaises, en Zélande, ainsi que sur les terrains sablonneux alluviaux dans la Nord-

Hollande et la Hollande méridionale, où la culture de bruyères trouve son application.

La culture intensive appliquée dans ces contrées rend nécessaire l'agrandissement des troupeaux de bétail autant qu'il est possible; pour avoir beaucoup de fumier, on garde souvent le bétail à l'étable, même le jour.

Dans le seigle, qui occupe 50 p. 100 des terres labourables, on sème le plus souvent des carottes jaunes qu'on donne aux bestiaux; ces cultures de racines fourragères n'occupent pas moins de 23,700 hectares.

Une grande partie de la récolte des fourrages est donnée au bétail, en outre du fourrage qu'on achète.

La superficie des prés est relativement faible; il n'y a que 38.9 hectares de prés pour 100 hectares de terres labourables et de prés réunis. Pour 1,000 hectares de terres labourables et de prés, il y a 818 têtes de bétail dont 464 vaches laitières. Et sur 1,000 hectares de prés, 2,104 têtes de bétail, dont 1,193 vaches laitières.

Le rendement du beurre par vache n'est que de 58 kilogr. 5. Cela tient à ce qu'on n'élève presque pas de chèvres et que, d'autre part, on engraisse 17,800 veaux qui exigent 14,500,000 litres de lait.

Dans la culture de bruyères avec sa culture intensive de légumes de la Hollande méridionale et de la Hollande septentrionale, on trouve beaucoup de prés et un grand nombre de bestiaux nécessaires à la production du fumier.

Sur 1,000 hectares de terres labourables et de prés, il y a 910 têtes de bétail, dont 644 vaches laitières; sur 1,000 hectares de prés, il y a 1,167 têtes de bétail, dont 826 vaches laitières.

On fabrique peu de beurre à cause de la proximité des grands centres, où l'on expédie le lait. Le rendement par vache n'est que 19 kilogr. 2.

De même dans le système de culture par rangées, employé en Groningue sur la tourbe haute, on fabrique relativement peu de beurre, soit 58 kilogr. 7 par vache.

On s'y occupe particulièrement de la culture de la pomme de terre et peu de l'élevage des bestiaux et de l'engraissage des veaux.

On trouvera dans les tableaux précédents, pour ces deux derniers systèmes (culture de bruyères et culture par rangées), tous les détails qui ont trait aux surfaces occupées par les diverses cultures, au bétail, à la production du beurre, etc.

TERRAINS ARGILEUX.

Ils comprennent l'argile de mer et l'argile de rivière. On y pratique la culture du seigle, celle du froment et la culture dite *zélandaise* de froment; on doit y ajouter la culture des polders (desséchement Mydrecht en Utrecht; les polders de mer et le desséchement du lac de Haarlem). Dans ces dernières contrées on exerçait, il y a peu d'années encore, ce qu'on nommait le *polderroofbouw* (culture de la croûte), qui consistait à faucher chaque année les roseaux qui poussaient dans le polder; mais aujourd'hui elles sont l'objet d'une culture et d'un élevage rationnels.

Voici les documents qui ont trait à ces terrains :

PROVINCES.	TERRAINS.	TERRES LABOURABLES.			PRÉS ET PLAIRIES FAUCHABLES.			TERRES LABOURABLES et prés réunis.	PROPORTION DES PRÉS, P. 100 DE TERRES LABOURABLES et prés réunis.	PRAIRIES FAUCHABLES.	PROPORTION DE PRAIRIES FAUCHÉES par rapport au total des prés et prairies fauchables réunis.
		SUPERFICIE totale.	SUPERFICIE sous le système.	PROPORTION P. 100.	SUPERFICIE totale.	SUPERFICIE sous le système.	PROPORTION P. 100.				
		CULTURE DE SEIGLE.									
Groningue.........	Argile de mer [1].....	124,543	19,772	15.9	61,912	2,260	3.7	22,032	10.26	599	26.50
Groningue.........	Argile de mer [2].....	124,543	61,590	49.5	61,912	26,979	43.6	88,577	30.46	9,212	34.15
Frise	Argile de mer.......	47,010	26,091	55.5	207,287	31,202	15.1	57,293	54.46	16,850	54.00
Overysel.........	Argile de rivière.....	60,211	3,386	5.6	126,322	6,503	5.1	9,889	65.77	2,442	37.55
Gueldre	Argile de rivière.....	120,919	19,012	15.7	152,548	25,848	16.9	44,860	57.62	6,468	25. 2
Nord-Hollande......	Argile de mer	41,189	11,142	27.1	154,140	38,611	25.1	49,753	77.61	18,205	47.15
Hollande méridionale	Argile de mer	64,747	8,647	13.4	163,245	24,232	14.8	32,879	73.70	9,155	37.78
Limbourg.........	Argile de rivière	89,504	45,315	50.6	24,611	8,370	34.0	53,685	15.59	4,111	49.12
ENSEMBLE (Pays-Bas)..		864,137	194,963	22.6	1,185,568	164,005	13.8	358,968	45.68	67,042	40.88
		CULTURE DE FROMENT.									
Gueldre	Argile de rivière.....	120,919	31,005	25.6	152,548	58,220	38.2	89,225	65.25	19,356	33.25
Utrecht...........	Argile de rivière.....	19,774	6,627	33.5	70,222	18,552	26.4	25,179	73.68	5,322	28.69
Hollande méridionale.	Argile de rivière.....	64,747	1,481	2.3	163,245	6,973	3.7	7,454	80.13	2,264	37.90
Nord-Brabant.......	Argile de rivière.....	148,304	8,298	5.5	122,285	18,559	15.2	26,787	69.28	8,088	43.58
ENSEMBLE (Pays-Bas)..		864,137	47,341	5.5	1,185,568	10,304	8.5	148,645	68.15	35,030	34.58
		CULTURE ZÉLANDAISE DE FROMENT.									
Hollande méridionale.	Argile de mer.......	64,747	43,719	67.5	163,245	26,647	16.3	70,366	37.87	8,389	31.49
Zélande	Argile de mer.......	107,435	102,053	95.0	35,159	34,269	97.5	136,322	25.14	10,928	31.89
Nord-Brabant.......	Argile de mer.......	148,304	20,892	14.1	122,285	13,836	11.3	34,728	39.84	3,890	28.12
ENSEMBLE (Pays-Bas)..		864,137	166,664	19.3	1,185,568	74,752	6.3	241,416	30.96	23,207	31.05
		CULTURE DE POLDERS.									
Utrecht	Desséchement Mydrecht	19,774	365	1.8	70,222	2,356	3.4	2,721	86.58	1,200	50.93
Nord-Hollande......	Polders de mer, Anna Paulowna, Barsinger, Winkel, desséchement Haarlemmermeer........	41,189	14,080	34.2	154,140	11,202	7.3	25,282	44.31	3,375	30.13
ENSEMBLE (Pays-Bas)..		864,137	14,445	1.7	1,185,568	3,558	1.1	28,003	48.42	4,575	33.74
ENSEMBLE DES TERRAINS ARGILEUX.......		864,137	777,032	"	1,185,568	353,619	"	777,032	45.51	129,854	36.72

[1] Avec culture intermittente. — [2] Plus exclusifs.

Les documents qui concernent le bétail sont les suivants :

PROVINCES.	TERRAINS.	NOMBRE DE TÊTES DE BÉTAIL EN TERRAINS ARGILEUX.				GROS BÉTAIL ensemble.
		TAUREAUX.	VACHES LAITIÈRES et génisses.	VEAUX et JEUNE BÉTAIL.	BÊTES à L'ENGRAIS.	
CULTURE DE SEIGLE.						
Groningue.........	Argile de mer [1]......	158	3,602	3,693	416	7,869
Groningue.........	Argile de mer [2]......	1,165	16,017	28,425	3,043	48,650
Frise.............	Argile de mer.......	627	21,905	20,612	2,407	45,551
Overysel..........	Argile de rivière......	235	3,412	3,604	467	7,721
Gueldre..........	Argile de rivière......	373	15,400	16,281	1,711	33,768
Nord-Hollande......	Argile de mer.......	285	28,444	9.586	558	38,877
Hollande méridionale.	Argile de mer.......	609	27,989	9,813	691	39,102
Limbourg.........	Argile de rivière......	537	26,221	14,000	1,889	43,721
Ensemble.......		3,989	142,990	106,014	11,182	265,259
CULTURE DE FROMENT.						
Gueldre..........	Argile de rivière......	315	18,928	35,441	6,908	61,592
Utrecht...........	Argile de rivière......	341	17,466	10,500	323	28,630
Hollande méridionale.	Argile de rivière......	51	4,522	3,538	133	8,244
Nord-Brabant.......	Argile de rivière......	141	7,151	12,258	661	20,217
Ensemble.......		848	48,067	61,737	8,025	118,683
CULTURE ZÉLANDAISE DE FROMENT.						
Hollande méridionale.	Argile de mer.......	633	15,638	21,365	2,553	40,189
Zélande...........	Argile de mer.......	1,267	27,136	41,414	7,725	77,592
Nord-Brabant.......	Argile de mer.......	228	7,468	9,163	2,188	19,079
Ensemble.......		2,128	50,242	71,942	12,466	136,860
CULTURE DE POLDERS.						
Utrecht...........	Desséchement Mydrecht.	76	2,304	873	152	3,405
Nord-Hollande......	Polders de mer, Anna Paulowna, Barsinger, Winket, desséchement Haarlemmermeer...	273	7,308	5,693	468	13,742
Ensemble.......		349	9,612	6,566	620	17,147
ENSEMBLE DES TERRAINS ARGILEUX........		7,314	250,911	246,259	32,293	537,049

[1] Avec culture intermittente. — [2] Plus exclusifs.

Soit en moyenne, pour 1,000 hectares de terres labourables et de prés, 692 têtes de bétail dont 323 vaches laitières; pour 1,000 hectares de prés, 1,521 têtes de bétail dont 710 vaches laitières.

Ceux qui ont trait à la production du beurre sont les suivants :

PROVINCES.	TERRAINS.	NOMBRE DE FABRIQUES.	PRODUCTION DU BEURRE			PRODUCTION du BEURRE par vache.
			dans les FERMES.	dans les FABRIQUES.	TOTAL.	kilogr.
CULTURE DE SEIGLE.						
Groningue.........	Argile de mer [1]......	4	111,925	135,702	247,627	68,8
Groningue.........	Argile de mer [2]......	15	497,739	325,785	823,524	51,4
Frise	Argile de mer........	19	325,200	1,284,569	1,609,769	73,5
Overysel..........	Argile de rivière......	1	267,393	5,000	272,393	79,8
Gueldre..........	Argile de rivière......	8	457,991	377,426	835,417	55,7
Nord-Hollande......	Argile de mer	3	295,840	3,640	299,480	10,5
Hollande méridionale.	Argile de mer........	4	455,695	142,145	597,840	21,4
Limbourg..........	Argile de rivière......	16	1,735,944	95,065	1,831,009	69,8
Ensemble.......		70	4,147,727	2,369,332	6,517,059	45,4
CULTURE DE FROMENT.						
Gueldre..........	Argile de rivière......	26	1,050,411	179,031	1,229,442	64,9
Utrecht..........	Argile de rivière......	2	21,683	6,229	27,912	16,0
Hollande méridionale.	Argile de rivière......	1	64,371	10,340	74,711	16,1
Nord-Brabant.......	Argile de rivière......	6	410,378	15,393	425,771	80,2
Ensemble:.......		35	1,546,843	210,993	1,757,836	36,6
CULTURE ZÉLANDAISE DE FROMENT.						
Hollande méridionale.	Argile de mer........	14	626,759	97,516	724,275	46,3
Zélande	Argile de mer.......	16	1,598,349	272,932	1,871,281	69,0
Nord-Hollande........	Argile de mer.......	1	569,111	5,525	574,636	76,9
Ensemble.......		31	2,794,219	375,973	3,170,192	63,1
CULTURE DE POLDERS.						
Utrecht...........	Desséchement Majdrecht	"	450	"	450	0,19
Nord-Hollande......	Polders de mer, Paulowna, Barsinger, Winkel, desséchement Haarlemmermeer ...	"	15,500	"	15,500	2,1
Ensemble.......		"	15,950	"	15,950	1,6
Ensemble des terrains argileux		136	8,504,739	2,956,298	11,461,037	45,6

[1] Avec culture intermittente. — [2] Plus exclusifs.

Culture du seigle. — Les tableaux précédents donnent en détail les documents qui concernent les cultures, le bétail et la production du beurre. On voit que plus de la moitié du beurre produit sur les terrains argileux l'est dans ce système qui comprend d'ailleurs proportionnellement un plus grand nombre de bestiaux. D'ailleurs, ce n'est guère qu'en Frise et en Overysel, de même qu'en Groningue sur l'argile de Dollart et en Limbourg que le lait est utilisé pour la fabrication du beurre.

En Gueldre, on exporte beaucoup de lait, et dans une partie de la province de Groningue on fait une grande consommation du lait en nature.

Culture de froment. — Elle est pratiquée exclusivement sur l'argile de rivière.

Dans les contrées où se pratique la culture du froment, l'élevage a une certaine importance.

Comme dans toutes les contrées argileuses, qui longent les grandes rivières, les prés sont, en général, d'excellente qualité et donneraient même de meilleurs résultats par un meilleur traitement.

On obtient une herbe abondante et de très bonne qualité dans les terres situées entre les digues et les rivières et qui couvrent une grande superficie.

Souvent ces terres sont submergées au moment des crues et ce colmatage ne peut qu'augmenter encore leur fertilité.

Mais pour éviter qu'elles le soient pendant l'été, on a construit le long des rivières et sur leur bord de petites digues basses appelées *quais d'été*, qui en empêchent la submersion pendant cette saison.

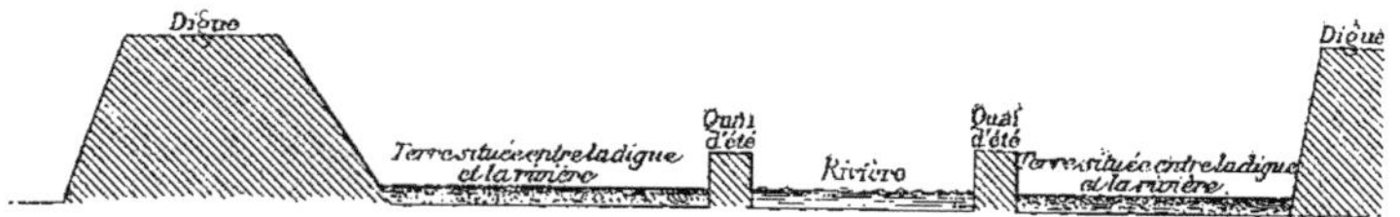

La distance qui sépare la rivière des digues principales est parfois très faible, mais elle est souvent aussi considérable et atteint près de 3 kilomètres. Aussi, la proportion de prés est-elle très élevée sous ce système de culture, soit 101,304 hectares de prés contre 47,341 hectares de terres labourables.

Le produit en beurre s'élève à 1,757,836 kilogrammes, correspondant seulement à 36 kilogr. 6 par vache laitière. Ce faible rendement tient à ce qu'on expédie des quantités notables de lait aux fabriques situées en dehors de la région. D'autre part, en Utrecht et dans la Hollande méridionale, où le rendement en beurre par vache n'est que de 16 kilogrammes, on utilise le lait pour la fabrication du fromage. Dans le Nord-Brabant, tout le lait est employé à la fabrication du beurre, dont le rendement atteint alors 80 kilogr. 2 par vache.

Culture zélandaise de froment. — Elle est pratiquée sur l'argile de mer.

Ce système se distingue nettement du précédent, au point de vue de l'élevage, par ce fait qu'il n'y a ici que 74,752 hectares de prés sur 241,416 hectares de prés et terres labourables réunis, soit 31 p. 100 seulement de prés par rapport à l'ensemble des prés et terres labourables. Aussi n'élève-t-on, sur 1,000 hectares de terres labourables, que 567 têtes de bétail; la quantité de beurre qu'on y produit est, elle-même, très faible, eu égard à la surface, soit 3,170,192 kilogrammes. Le rendement en beurre, relativement faible, par vache, dans la province de Hollande méridionale, provient de la grande quantité de lait expédiée à Rotterdam et à Dordrecht par les îles Sud-hollandaises. En Zélande, le rendement serait plus élevé si, en raison du petit nombre de chèvres, on ne faisait pas une aussi grande consommation du lait en nature pour l'usage domestique; la variété de vaches zélandaises est d'ailleurs peu laitière. En Zélande, les 95 p. 100 de la surface des terres labourables et 97.5 p. 100 des prés sont soumis à cette culture dite *culture de froment zélandaise*.

Culture de polders. — Elle comprend, dans les provinces d'Utrecht et de Nord-Hollande, 28,003 hectares de terres labourables et de prés, dont 13,558 hectares, soit 48.42 p. 100, de prés et prairies fauchables.

Le rendement en beurre est insignifiant, soit seulement de 15,950 kilogrammes, correspondant à 1 kilogr. 6 par vache laitière. Cela tient à ce fait que la majeure partie de cette région, le Haarlemmermeer, expédie 7 millions de litres de lait à Amsterdam. Un grand nombre de communes se livrent, en outre, à la fabrication du fromage.

RÉCAPITULATION.

La production du beurre s'est ainsi répartie dans les divers terrains que nous avons envisagés précédemment :

kilogrammes.

Terrains tourbeux (contrées d'élevage)............	12,176,751	soit 25.7 p. 100.
Terrains sablonneux ..... (culture extensive.........	20,093,714	44.1
Terrains sablonneux ..... (culture intensive	3,646,992	7.7
Terrains argileux............................	11,461,037	24.2

La répartition était la suivante par provinces :

PROVINCES.	PRODUCTION DU BEURRE		TOTAL.	PROPORTION P. 100.
	dans LES FERMES.	dans LES FABRIQUES.		
	kilogrammes.	kilogrammes.	kilogrammes.	
Groningue........................	1,498,027	784,443	2,282,470	4.82
Frise............................	4,103,017	7,131,480	11.234,497	23.71
Drenthe..........................	1,205,013	1,985,490	3,190,503	6.73
Overysel.........................	3,817,224	1,837,106	5,654,330	11.93
Gueldre..........................	4,044,503	1,672,897	5,717,400	12.07
Utrecht..........................	709,206	95,632	804,838	1.70
Nord-Hollande....................	1,183,322	165,422	1,348,744	2.85
Sud-Hollande.....................	3,347,779	631,483	3,981,262	8.40
Zélande..........................	1,700,674	272.932	1,973,606	4.17
Nord-Brabant.....................	5,263,228	1,891,768	7,154,996	15.10
Limbourg.........................	2,735,661	1,317,154	4,052,815	8.52
Pays-Bas.........................	29,609,690	17,768,813	47,378,503	100.00

IMPORTANCE DES PROPRIÉTÉS.

Les quelques documents suivants font connaître le nombre de propriétaires et de fermiers :

PROVINCES.	SYSTÈMES	ESPÈCE DE TERRAIN SUR LEQUEL se trouve LE SYSTÈME.	1 à 5 hectares.		5 à 10 hectares.		10 à 15 hectares.	
			Propriétaires.	Fermiers.	Propriétaires.	Fermiers.	Propriétaires.	Fermiers.
(a)	*(a)*							
Groningue	Élevage	Formation de tourbe basse.	194	101	147	54	138	80
Frise	Idem.	Argile de mer	122	354	90	265	49	168
Frise	Idem.	Formation de tourbe basse.	186	209	104	155	59	94
Drenthe	Idem.	Idem.	62	44	69	39	38	13
Overysel	Élevage et fourrage.	Formation de tourbe basse, en partie argile de rivière.	480	583	196	196	148	101
Utrecht	Élevage	Formation de tourbe basse.	195	162	159	167	180	164
Nord-Hollande	Idem.	Idem.	951	808	598	538	439	475
Sud-Hollande	Idem.	Tourbe basse, faible partie argile de rivière.	730	779	581	571	526	477
Nord-Brabant	Idem.	Idem.	148	317	138	162	72	56
Ensemble *(a)*	Élevage.		3.068	3,357	2,082	2,147	1,649	1,578
(b)	*(b)*							
Groningue	Système tertiaire	Terrains sablonneux diluviens.	922	287	267	88	195	63
Frise	Idem.	Idem.	1,608	1,292	569	433	358	275
Drenthe	Idem.	Idem.	2,203	1,978	1,352	802	792	414
Overysel	Idem.	Idem.	3,462	1,978	1,680	690	957	807
Gueldre	Idem.	Idem.	6.960	4.901	2,057	1,178	959	593
Utrecht	Idem.	Idem.	370	430	164	175	121	89
Nord-Hollande	Idem.	Idem.	114	133	46	51	33	7
Nord-Brabant	Idem.	Idem.	5,565	1,133	3,888	1,001	1,100	408
Limbourg	Idem.	Idem.	4,480	2,554	1,357	896	438	313
Ensemble	Système tertiaire		25,684	14,066	11,380	5,314	4,953	2,469
(c)	*(c)*							
Overysel	Culture de froment de la Twente.	Terrains sablonneux diluviens.	1,951	1,151	848	422	417	138
Ensemble *(b+c)*	Culture extensive	Terrains sablonneux diluviens.	27,635	15,217	12,228	5,736	5,370	2,607
(d)	*(d)*							
Nord-Hollande	Culture de bruyères.	Terrains sablonneux, alluviaux et vallées de dunes.	209	355	86	152	80	107
Sud-Hollande	Idem.	Idem.	222	357	97	117	52	55
Ensemble *(d)*	Culture de bruyères.		431	712	183	269	132	162
(e)	*(e)*							
Zélande	Culture flamande.	Terrains sablonneux diluviens.	35	137	10	61	4	27
Nord-Brabant	Idem.	Idem.	3,240	2,198	2,129	1,383	722	484
Ensemble *(e)*	Culture flamande.		3.275	2,335	2,139	1,449	726	511
(f)	*(f)*							
Groningue	Culture par rangées.	Tourbe haute déblayée.	257	72	200	44	236	72
Ensemble *(d+e+f)*	Culture intensive.	Terrains sablonneux.	3,963	3,119	2,522	1,762	1,094	745
Ensemble *(b+c)*	Culture extensive.	Idem.	27,635	15,217	12,228	5,736	5,370	2,607
Ensemble *(b+c+d+e+f)*		Terrains sablonneux.	31,598	18,336	14,750	7,498	6,464	3,352

ET TERRAINS SABLONNEUX.

NOMBRE DE PROPRIÉTAIRES ET DE FERMIERS
ET SUPERFICIE DES PRÉS ET TERRES LABOURABLES.

15 à 20 hectares.		20 à 30 hectares.		30 à 40 hectares.		40 à 50 hectares.		50 à 60 hectares.		60 à 75 hectares.		75 à 100 hectares.		100 à 125 hectares.		125 à 150 hectares.		150 à 200 hectares.		Plus de 200 hect.	
Propriétaires.	Fermiers.	Propriétaires.	Fermiers.	Propriétaires.	Fermiers.	Propriétaires.	Fermiers.	Propriétaires.	Fermiers.	Propriétaires.	Fermiers.	Propriétaires.	Fermiers.	Propriétaires.	Fermiers.	Propriétaires.	Fermiers.	Propriétaires.	Fermiers.	Propriétaires.	Fermiers.
125	14	195	16	46	7	32	1	19	2	4	1	3	"	"	"	"	"	"	"	"	"
54	138	169	349	141	347	57	168	10	39	9	12	6	2	1	"	"	"	"	"	"	"
35	106	69	220	49	244	41	113	11	42	11	21	5	9	"	"	"	"	"	"	"	"
31	3	13	4	"	"	"	"	"	"	"	"	"	"	"	"	"	"	"	"	"	"
113	63	117	84	80	106	28	51	7	8	3	3	"	"	"	"	"	"	"	"	"	"
174	151	272	214	60	87	15	22	1	2	3	"	1	"	2	"	"	"	"	"	"	"
465	509	384	465	137	207	48	69	21	20	14	47	13	5	5	6	3	2	1	1	7	1
551	483	647	611	195	224	49	47	17	23	3	6	3	1	"	"	"	"	"	"	"	"
45	27	27	8	7	"	1	"	2	"	"	"	2	1	"	2	2	1	"	"	"	"
1,593	1,494	1,816	1,971	715	1229	271	471	88	136	47	90	33	18	8	8	5	3	1	1	7	1
153	35	166	35	121	30	73	25	34	9	22	3	11	"	5	"	1	"	1	"	1	"
273	234	249	290	159	248	91	153	45	68	16	18	7	2	1	"	"	"	"	"	"	"
521	330	504	274	190	107	56	29	23	9	19	6	8	1	3	"	"	"	"	"	"	"
616	247	354	164	151	91	54	19	18	5	9	"	1	"	"	"	"	"	"	"	"	"
506	398	332	313	91	126	33	35	7	8	8	2	1	1	1	"	"	"	"	"	"	"
83	78	94	172	33	59	15	14	8	4	"	1	1	"	"	"	"	"	"	"	"	"
12	4	11	10	1	"	"	"	"	"	"	"	"	"	"	"	"	"	"	"	"	"
146	120	32	32	3	4	"	"	"	"	"	"	"	"	"	"	"	"	"	"	"	"
173	157	56	85	9	30	2	13	"	4	2	"	"	"	"	"	"	"	"	"	"	"
2,483	1,603	1,798	1,375	758	695	324	288	135	107	76	30	29	4	9	"	1	1	1	"	2	"
233	64	65	18	17	10	10	3	10	"	"	"	"	"	"	"	"	"	"	"	"	"
2,716	1,667	1,863	1,393	775	705	334	291	145	107	76	30	29	4	9	"	1	1	1	"	2	"
49	81	53	91	26	33	12	13	3	11	1	5	1	"	"	"	"	"	"	"	"	"
54	37	62	64	31	54	11	23	1	8	1	7	"	1	"	1	"	"	"	"	"	"
103	118	115	155	57	87	23	36	4	19	2	12	1	1	"	1	"	"	"	"	"	"
1	25	3	28	"	12	"	8	"	6	"	6	"	"	"	"	"	"	"	"	1	"
332	180	237	134	22	35	9	27	2	15	"	4	"	5	"	1	"	1	"	"	"	1
333	205	240	162	22	47	9	35	2	21	"	10	"	2	"	1	"	1	"	"	"	1
179	63	186	39	50	6	16	1	4	"	4	"	2	"	1	"	"	"	"	"	"	"
615	386	541	356	129	140	48	72	10	40	6	22	3	3	1	2	"	1	"	"	1	"
2,716	1,667	1,863	1,393	775	705	334	291	145	107	76	30	29	4	9	"	1	1	1	"	2	"
3,331	2,053	2,404	1,749	904	845	382	363	155	147	82	52	32	7	10	2	1	2	1	"	3	"

PROVINCES.	SYSTÈMES.	ESPÈCE DE TERRAIN SUR LEQUEL se trouve LE SYSTÈME.	1 à 5 hectares.		5 à 10 hectares.		10 à 15 hectares.	
			Propriétaires.	Fermiers.	Propriétaires.	Fermiers.	Propriétaires.	Fermiers.
(a) Groningue	(a) Culture de seigle (avec culture intermittente).	Argile de mer (Dollart).	177	42	88	22	58	13
Groningue	Culture de seigle (plus exclusif).	Argile de mer	452	310	198	91	200	67
Frise	Culture de seigle	Idem	410	1,370	172	339	90	140
Overysel	Idem . . . . ,	Argile de rivière	166	48	99	32	67	40
Gueldre	Idem	Idem	1,772	783	519	199	290	192
Nord-Hollande	Idem	Argile de mer	1,305	1,109	414	252	271	188
Sud-Hollande	Idem	Idem	82	125	77	114	80	86
Limbourg	Idem	Argile de rivière et du Limbourg.	2,521	2,262	826	835	313	302
ENSEMBLE	Culture de seigle	. . . .	6,885	6,049	2,393	1,894	1,369	1,028
(b) Gueldre	(b) Culture de froment	Argile de rivière	1,928	2,271	653	603	334	228
Utrecht	Idem	Idem	181	250	65	86	72	73
Sud-Hollande	Idem	Idem	122	235	70	91	52	41
Nord-Brabant	Idem	Idem	462	1,037	178	210	101	94
ENSEMBLE	Culture de froment	. . . .	2,693	3,793	967	990	559	436
(c) Sud-Hollande	(c) Culture zélandaise de froment.	Argile de mer	222	567	134	270	108	161
Zélande	Idem	Idem	957	1,475	354	511	239	299
Nord-Brabant	Idem	Idem	150	194	94	131	66	69
ENSEMBLE	Culture zélandaise de froment.	. . . .	1,329	2,236	582	912	413	529
(d) Utrecht	(d) Culture de polder	Desséchement Mydrecht . .	11	13	18	15	19	18
Nord-Hollande	Idem	Polder de mer	154	99	43	47	54	43
ENSEMBLE	Culture de polder	. . . .	165	112	61	62	73	61
ENSEMBLE (a + b + c + d)		Terrains argileux	11,072	12,190	4,003	3,858	2,414	2,054

ARGILEUX.

NOMBRE DE PROPRIÉTAIRES ET DE FERMIERS
ET SUPERFICIE DES PRÉS ET TERRES LABOURABLES.

15 à 20 hectares.		20 à 30 hectares.		30 à 40 hectares.		40 à 50 hectares.		50 à 60 hectares.		60 à 75 hectares.		75 à 100 hectares.		100 à 125 hectares.		125 à 150 hectares.		150 à 200 hectares.		Plus de 200 hect.	
Propriétaires.	Fermiers.	Propriétaires.	Fermiers.	Propriétaires.	Fermiers.	Propriétaires.	Fermiers.	Propriétaires.	Fermiers.	Propriétaires.	Fermiers.	Propriétaires.	Fermiers.	Propriétaires.	Fermiers.	Propriétaires.	Fermiers.	Propriétaires.	Fermiers.	Propriétaires.	Fermiers.
33	16	48	11	57	7	105	16	66	15	34	7	13	3	3	"	1	"	"	"	"	"
203	50	425	109	404	98	323	70	151	37	87	28	35	12	12	2	3	"	2	"	1	"
66	95	64	184	55	288	42	220	26	77	17	26	4	4	1	1	"	"	"	"	"	"
61	23	53	19	35	12	23	7	14	2	15	1	4	2	"	"	3	"	"	"	"	"
130	82	90	75	71	74	25	27	16	18	5	9	2	6	"	4	"	3	1	1	2	"
311	250	281	252	95	59	23	11	9	1	4	1	"	"	"	"	"	"	"	"	"	"
90	107	127	188	68	93	25	76	18	69	7	18	4	2	"	"	"	"	"	"	1	"
115	147	65	113	26	66	7	54	6	37	2	24	6	10	"	1	"	2	"	"	2	"
1,009	770	1,153	951	811	697	573	481	306	256	171	114	68	39	16	8	7	5	3	1	6	"
200	129	203	102	136	60	79	38	53	37	50	24	18	13	6	3	1	"	1	"	2	"
67	77	100	126	56	82	34	61	15	35	3	13	2	3	"	"	"	"	"	"	"	"
55	28	34	22	8	5	4	4	"	"	"	"	"	"	"	"	"	"	"	"	"	"
59	43	44	33	21	18	7	6	7	3	1	9	1	1	2	"	"	"	"	"	"	"
381	277	381	283	221	165	124	109	75	75	54	46	21	17	8	3	1	"	1	"	2	"
80	168	69	169	53	150	62	132	31	108	33	85	9	44	6	8	3	2	1	2	1	"
212	222	212	299	191	298	113	281	62	246	40	162	23	93	6	16	2	7	2	3	4	3
52	52	66	73	69	63	47	55	24	79	15	26	10	7	2	1	2	1	"	"	"	"
344	442	347	541	313	511	222	471	120	433	88	273	42	144	14	25	7	10	3	5	5	3
18	14	20	13	1	8	3	4	1	"	"	"	"	"	"	"	"	"	"	"	"	"
66	152	95	127	67	95	31	39	7	38	5	9	5	5	1	4	"	1	1	1	2	"
84	166	115	142	68	103	34	43	8	38	5	9	5	5	1	4	"	1	1	1	2	"
1,818	1,655	1,996	1,917	1,413	1,476	953	1,104	509	802	318	442	136	205	39	40	15	16	8	7	15	3

D'après ces tableaux, on voit que le nombre des petites fermes est très grand sur les terrains sablonneux, sur lesquels existent, par cela même, un grand nombre de fabriques coopératives.

Le nombre des petites fermes de 1 à 5 hectares est, en effet, de :

	NOMBRE des fermes.	PROPORTIONS.
Sur les terrains { sablonneux....................	49,934	29.5 ou 52.9 p. 100.
argileux	23,262	13.8 46.1
tourbeux.....................	6,425	3.8 26.8
Dans les Pays-Bas............................	79,621	47.1

Si l'on répartit les exploitations suivant les terrains, on trouve les résultats suivants :

ÉTENDUE des FERMAGES.	NOMBRE D'EXPLOITATIONS PAR LES PROPRIÉTAIRES ET LES FERMIERS.							
	TERRAINS sablonneux.		TERRAINS argileux.		CONTRÉES d'élevage.		TOTAL.	
	Propriétaires.	Fermiers.	Propriétaires.	Fermiers.	Propriétaires.	Fermiers.	Propriétaires.	Fermiers.
De 1 à 5 hectares.....	31,598	18,336	11,072	12,190	3,068	3,357	45,738	33,883
De 5 à 20 hectares.....	24,545	12,903	8,235	7,567	5,324	5,249	38,104	25,719
De 20 à 50 hectares.....	3,690	2,957	4,362	4,497	2,902	3,664	10,954	11,118
De 50 hectares et plus....	284	210	1,040	1,515	189	257	1,513	1,982
Total............	60,117	34,406	24,709	25,769	11,483	12,527	96,309	72,702

D'autre part, en tenant compte du nombre de fermes et de la surface correspondant à chacun de ces terrains, on a :

	TERRES LABOURABLES et prés.	ÉTENDUE MOYENNE de chaque ferme.
	hectares.	h. a.
Terrains.. { sablonneux....................	880,031	9 31
argileux.......................	777,032	15 40
tourbeux....................	392,642	16 35
Pays-Bas................................	2,049,705	12 13

On voit que dans les régions d'élevage en terrains tourbeux, les exploitations sont, en moyenne, plus grandes; il y a ici peu de fabriques coopératives.

Dans les terrains argileux, mais tout particulièrement dans les terrains sablonneux, la superficie moyenne de chaque ferme est plus faible, de même que le nombre de vaches qu'on y élève; aussi les fabriques coopératives sont-elles très nombreuses.

Le nombre de vaches laitières se répartissait ainsi d'après les divers terrains :

CONTRÉES.	NOMBRE de FERMES.	NOMBRE de VACHES LAITIÈRES.	MOYENNE pour 100 FERMES.
Sablonneuses..........................	94,523	383,865	406
Argileuses............................	50,478	250,911	497
Tourbeuses............................	24,010	301,246	1,255
Pays-Bas...........................	169,011	936,022	554

CONTRÉES.	NOMBRE de FABRIQUES.	FABRIQUES COOPÉRATIVES.	PROPORTION P. 100.
Sablonneuses..........................	459	302	66.0
Argileuses............................	136	79	58.8
Tourbeuses............................	97	29	30.9
Pays-Bas...........................	692	410	59.7

On remarque que le produit du beurre dans les fabriques coopératives, calculé en moyenne par fabrique, est dans les mêmes proportions que le nombre de vaches élevées dans une ferme.

Ainsi, sur les terrains sablonneux, on rencontre dans 100 fermes 406 vaches laitières, et 1,255 dans les contrés d'élevage, soit dans la proportion de 1 à 3.09,

Dans les terrains argileux, on en trouve 497 ; en comparant les terrains sablonneux on obtient la proportion de 1 à 1.22.

Or le produit du beurre est respectivement dans les mêmes proportions, soit 1 à 3.81 et 1 à 1.36.

Cela montre que, dans la fabrication coopérative, les fermes qui fournissent le lait sont, en général, de même importance, ou renferment à peu près le même nombre de vaches.

Les rapports sont tout autres dans les fabriques particulières.

C'est sur les terrains argileux que l'on rencontre les plus petites fabriques ; il faut en conclure que la fondation de fabriques particulières rencontre plus de difficultés sur ces terrains que sur les terrains sablonneux.

Il convient d'ajouter que les chiffres exprimant la moyenne des vaches laitières sur 100 fermes, comme ceux qui ont trait à la production du beurre par fabrique coopérative, ils sont variables suivant les provinces. Pour les terrains sablonneux, ils sont respectivement de : 694 vaches laitières et de 44,180 kilogrammes pour la Frise ; de 409 vaches et 27,218 kilogrammes de beurre dans la Drenthe ; de 335 vaches et 13,320 kilogrammes de beurre dans le Nord-Brabant ; de 254 vaches et 11,935 kilogrammes de beurre dans le Limbourg.

Des différences analogues s'observent pour les contrées argileuses et les régions tourbeuses.

Le tableau suivant concerne la production du beurre dans les fabriques (fabriques de fromages exceptées).

TERRAINS.	PRODUCTION TOTALE.	FABRIQUES COOPÉRATIVES.	FABRIQUES PARTICULIÈRES.	PRODUIT MOYEN PAR FABRIQUE	
				COOPÉRATIVE	PARTICULIÈRE.
	kilogrammes.	kilogrammes.	kilogrammes.	kilogrammes.	kilogrammes.
Sablonneux	9,802,479	6,054,114	3,748,365	20,046	23,875
Argileux.	2,956,289	2,163,815	792,474	27,390	13,903
Tourbeux.	5,010,036	2,215,315	2,794,721	76,390	41,009
Pays-Bas.	17,768,804	10,433,244	7,335,560	25,449	26,300

La composition du lait est peu différente suivant les régions. Calculée d'après l'ensemble des résultats obtenus dans les fabriques coopératives, elle a donné, pour la richesse du lait en beurre, les chiffres suivants :

    Contrées sablonneuses . . . . 3.38 p. 100.
    Contrées argileuses 3.37
    Contrées tourbeuses 3.19

La plus grande richesse du lait en matière grasse dans les contrées sablonneuses est attribuable, d'une part, à la nourriture donnée au bétail et, d'autre part, à la variété des vaches qui peuplent ces régions.

Prix du beurre. — Le tableau suivant résume les prix moyens mensuels du beurre sur les divers marchés :

PRIX MOYENS MENSUELS DU BEURRE PAR KILOGRAMME.

MOIS.	MARCHÉS							
	de DELFT.	de LEIDEN.	de ZWOLLE.	de KAMPEN.	de LEEU-WARDEN.	de SNEEK.	de SNEEK (Union).	de SNEEK (Beurre de fabrique).
	fr. c.	fr. c.	fr. c.	fr. c.	fr. c.	fr. c.	fr. c.	fr. c.
ANNÉE 1898.								
Janvier.	2 97	2 66	2 39	2 55	2 34	2 32	2 26	//
Février.	3 05	2 78	2 76	2 67	2 54	2 52	2 45	//
Mars.	2 78	2 68	2 24	2 26	2 34	2 26	2 21	//
Avril.	2 27	2 22	1 98	2 14	1 99	2 05	1 95	//
Mai	2 19	2 07	1 96	2 10	1 85	1 86	1 81	//
Juin.	2 18	2 09	1 95	2 10	1 82	1 84	1 77	//
Juillet.	2 26	2 10	1 92	2 03	1 86	1 85	1 80	//
Août.	2 27	2 13	1 90	1 97	1 98	2 01	1 93	//

MOIS.	de DELFT.	de LEIDEN.	de ZWOLLE.	de KAMPEN.	de LEEUWARDEN.	de SNEEK.	de SNEEK (Union).	de SNEEK (Beurre de fabrique.)
	fr. c.	fr. c.	fr. c.	fr. c.	fr. c.	fr. c.	fr. c.	fr. c.
ANNÉE 1898. (Suite.)								
Septembre.....	2 66	2 49	2 13	2 27	2 18	2 26	2 18	//
Octobre.......	3 09	2 86	2 45	2 61	2 39	2 37	2 29	//
Novembre......	3 02	2 91	2 46	2 56	2 34	2 34	2 25	//
Décembre......	2 86	2 78	2 50	2 56	2 41	2 46	2 38	//
ANNÉE 1899.								
Janvier........	3 04	2 87	2 61	2 66	2 60	2 49	2 43	//
Février........	3 16	2 99	2 58	2 77	2 59	2 55	2 50	//
Mars.........	2 92	2 76	2 26	2 35	2 29	2 21	2 17	//
Avril........	2 48	2 45	2 08	2 21	2 18	2 17	2 13	//
Mai.........	2 26	2 28	2 03	2 07	1 95	1 97	1 93	//
Juin.........	2 30	2 20	2 05	2 15	2 01	2 06	2 00	//
Juillet........	2 35	2 25	2 10	2 21	2 14	2 11	1 85	//
Août.........	2 66	2 58	2 28	2 45	2 34	2 37	2 37	2 53
Septembre.....	2 98	2 87	2 52	2 58	2 47	2 50	2 44	2 60
Octobre.......	3 14	3 07	2 70	2 80	2 53	2 58	2 51	2 67
Novembre......	3 07	2 94	2 58	2 68	2 48	2 48	2 41	2 53
Décembre......	3 01	2 87	2 69	2 70	2 57	2 61	2 49	2 64

PRIX DE L'UNION SUD-NÉERLANDAISE DE LAITAGE À LA CRIÉE DE MAESTRICHT.

	PAR KILOGRAMME.		
	1897.	1898.	1899.
	fr. c.	fr. c.	fr. c.
Janvier.................................	2 58	2 41	2 56
Février.................................	2 52	2 56	2 58
Mars...................................	2 33	2 33	2 37
Avril...................................	2 08	2 12	2 10
Mai....................................	1 76	1 81	1 93
Juin....................................	1 78	1 81	2 02
Juillet..................................	1 91	1 87	2 18
Août...................................	2 27	2 12	2 46
Septembre..............................	2 02	2 46	2 73
Octobre................................	2 37	2 52	2 65
Novembre...............................	2 37	2 62	2 60
Décembre...............................	2 52	2 69	2 77

PRIX DES FABRIQUES COOPÉRATIVES DE BEURRE DE CRÈME EN NORD-BRABANT
À LA CRIÉE DE BEURRE À EINDHOVEN.

	PAR KILOGRAMME.		
	1897.	1898.	1899.
	fr. c.	fr. c.	fr. c.
Janvier	"	2 37	2 56
Février	"	2 58	2 65
Mars	2 31	2 33	2 41
Avril	2 12	2 10	2 08
Mai	1 83	1 83	1 95
Juin	1 85	1 83	2 02
Juillet	1 99	1 91	2 16
Août	2 33	2 14	2 56
Septembre	2 37	2 52	2 73
Octobre	2 37	2 52	2 73
Novembre	2 39	2 60	2 69
Décembre	2 56	2 79	2 81

Comme on le voit, il y a une baisse sensible pendant les mois d'avril, mai, juin, juillet et août, mais les prix remontent alors jusqu'en mars, le maximum se produisant en février généralement, époque qui coïncide avec la fin de la portée des vaches, la baisse coïncidant avec la sortie des bêtes aux champs, en avril, et seulement au commencement de mai en Groningue, en Frise et en Drenthe, c'est-à-dire dans les provinces du Nord. En effet, dans les provinces du Nord, la température est légèrement plus basse au printemps et en hiver que dans les autres provinces qui jouissent d'une température plus douce, exerçant une influence qui n'est pas négligeable sur la végétation. C'est ainsi qu'on relève les chiffres moyens suivants :

	Hiver.	Printemps.
Groningue	+ 2°05	+ 8°25
Assen	+ 1 79	+ 9 04
Utrecht	+ 2 51	+ 9 82
Maestricht	+ 3 08	+ 10 64

Les températures moyennes sont :

	ÉTÉ.	AUTOMNE.	ANNÉE.
Groningue	17°26	9°93	9°37
Assen	18 22	9 83	9 72
Utrecht	18 60	10 60	10 38
Maestricht	19 33	11 24	11 07

Quoique la température soit plus froide dans les provinces du Nord, on n'y rentre pas le bétail plus tôt pour cela; la hausse des prix du beurre doit être attribuée d'un côté à ce que les vaches plus éloignées de l'époque du vêlage produisent moins de lait; et, d'un autre côté, au temps plus froid, qui rend la vente immédiate moins nécessaire pour les producteurs et modère beaucoup l'arrivage général au marché.

Le tableau suivant résume les prix moyens par mois de quelques marchés dont les prix sont fixés à Eindhoven et à Maestricht, par les membres réunis de la société de laitage des fabriques du Nord-Brabant et du Sud-Néerlandais.

Les prix du beurre de Delft et, dans une certaine mesure, ceux de Leiden sont très élevés en comparaison des prix sur d'autres marchés. Ceci tient au goût exquis du beurre de Delft. Ces prix ressortent mieux encore des données suivantes, qui se rapportent aux prix moyens mensuels du beurre de première qualité :

	1897-1898.	1899.
Janvier	3ᶠ 33 le kilogr.	3ᶠ 39 le kilogr.
Février	3 40	3 54
Mars	3 12	3 27
Avril	2 66	2 94
Mai	2 49	2 61
Juin	2 39	2 62
Juillet	2 62	2 66
Août	2 65	2 97
Septembre	3 13	3 29
Octobre	3 54	3 45
Novembre	3 37	3 34
Décembre	3 16	3 38

Quant à l'arrivage du beurre sur les différents marchés, il n'est pas en proportion de la quantité totale qui était produite. Les chiffres suivants indiquent les quantités expédiées en 1897 aux marchés, dans les diverses provinces :

	BEURRE D'ÉTÉ.	BEURRE D'HIVER.
	kilogrammes.	kilogrammes.
Groningue	160,620	18,300
Frise	1,847,836	428,639
Drenthe	345,018	238,648
Overysel	1,198,308	508,536
Gueldre	532,798	276,507
Utrecht	71,250	47,300
Nord-Hollande	50,298	166,767
Sud-Hollande	670,497	797,771
Zélande	7,299	"
Nord-Brabant	1,216,374	553,282
Limbourg	1,227,454	"
Pays-Bas	9,840,836	"

En résumé, le beurre est surtout produit dans les terrains sablonneux, qui fournissent plus de la moitié du beurre des Pays-Bas.

Si les terrains tourbeux, où l'élevage est cependant si développé, produisent seulement 25 p. 100 de la quantité totale, c'est que dans la Hollande septentrionale et dans la Hollande méridionale, situées sur ces terrains, le lait est consommé en nature ou sert à la fabrication du fromage.

Si nous considérons maintenant la production du beurre par provinces, nous voyons que la Frise occupe le premier rang; elle fournit à elle seule le quart de la production totale; nous devons observer qu'en Frise les terrains argileux sont exploités pour l'élevage. Les autres provinces se classent dans l'ordre suivant : Nord-Brabant (15 p. 100 de la production totale); Gueldre (12 p. 100); Sud-Hollande et Limbourg (8 p. 100);

Drenthe (7 p. 100); Groningue (5 p. 100); Zélande (4 p. 100); Nord-Hollande (3 p. 100); Utrecht (2 p. 100).

Nous voyons, en effet, exception faite pour la Frise, que les trois provinces qui produisent le plus de beurre sont constituées par les terrains sablonneux, très peu répandus, par contre, dans les autres provinces.

Les principaux marchés sont ceux de Leeuwarden, de Lieden, d'Eindhoven, de Maestricht. Le prix maximum est atteint généralement au mois de février; il y a une baisse sensible d'avril en septembre. Les prix les plus bas sont de 1 fr. 80 le kilogramme; les plus élevés atteignent 3 francs.

L'exportation du beurre a été de plus de 17 millions de kilogrammes pour une production totale de 45 millions de kilogrammes. Plus de la moitié du beurre exporté l'est en Angleterre (soit 11,000,000 de kilogr.). Viennent ensuite par ordre d'importance : la Belgique (3,500,000 kilogr.), l'Allemagne (1,300,000 kilogr.), les Indes Orientales hollandaises (800,000 kilogr.). Les exportations pour la France sont insignifiantes.

Harlingen est le port d'où l'on expédie les plus grandes quantités de beurre, soit plus de 10 millions de kilogrammes. C'est de ce port que se fait l'exportation pour l'Angleterre du beurre de Frise. Il a été expédié de Rotterdam 1 million de kilogrammes et d'Amsterdam, 150,000 kilogrammes. Il convient d'ajouter que la Hollande importe environ 1,600,000 kilogrammes de beurre, dont près de 1,500,000 kilogrammes de la Grande-Bretagne et le reste, du Danemark, de la Belgique, de la Prusse et de la Suède.

Indépendamment du beurre, les Pays-Bas produisent de grandes quantités de margarine, dans environ 30 fabriques, dont quelques-unes ont une très grande importance.

Les matières premières employées à la fabrication de ce produit sont, comme partout, les oléos ou premiers jus (extraits par pression des suifs et des graisses) et les huiles de graines. La majeure partie des fabriques se trouve dans le Nord-Brabant et dans la province de Hollande méridionale. Le principal marché de margarine se tient à Rotterdam, qui expédie ce produit en Angleterre et en Allemagne, ainsi qu'en France qui n'en reçoit qu'une faible quantité.

D'après ces documents qui ont trait à l'élevage, à la production du lait et du beurre dans les Pays-Bas, on voit quelle importance considérable celle-ci occupe dans cet intéressant pays, dont elle constitue la principale richesse nationale. Aussi avons-nous cru utile de les réunir et de les annexer à notre rapport; ils empruntent d'ailleurs une grande partie de leur valeur aux sources officielles d'où ils ont été extraits.

CARTE GÉOLOGIQUE DES PAYS-BAS

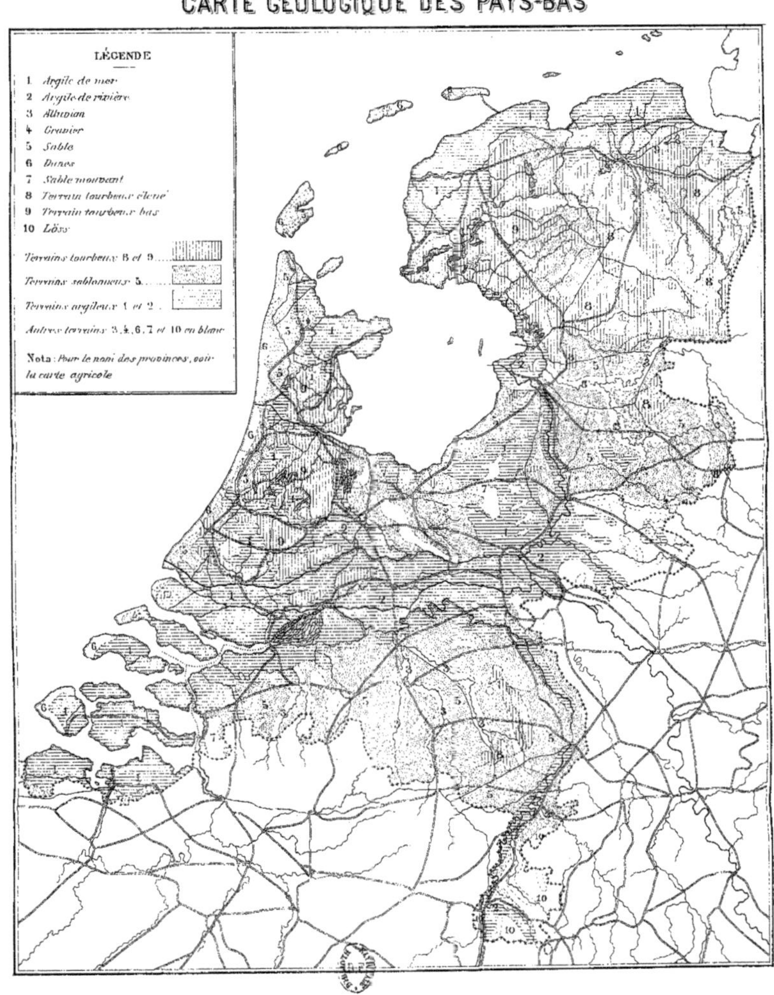

CARTE AGRICOLE DES PAYS-BAS